U0048867

（本書為《上下管理，讓你更成功！》全新增訂版）

向上管理・向下管理

埋頭苦幹沒人理，出人頭地有策略，
承上啟下、左右逢源的職場聖典

蘿貝塔・勤斯基・瑪圖森｜著
Roberta Chinsky Matuson

吳書榆｜譯

Suddenly in Charge
2nd Edition
Managing Up, Managing Down,
Succeeding All Around

經營管理 148

向上管理・向下管理

埋頭苦幹沒人理，出人頭地有策略，承上啟下、左右逢源的職場聖典

（本書為《上下管理，讓你更成功！》全新增訂版）

作　　者　蘿貝塔・勤斯基・瑪圖森（Roberta Chinsky Matuson）
譯　　者　吳書榆
校　　對　陳芝鳳
責任編輯　文及元
行銷業務　劉順眾、顏宏紋、李君宜

總 編 輯　林博華
發 行 人　凃玉雲
出　　版　經濟新潮社
104台北市中山區民生東路二段141號5樓
電話：(02) 2500-7696　傳真：(02) 2500-1955
經濟新潮社部落格：http://ecocite.pixnet.net
發　　行　英屬蓋曼群島商家庭傳媒股份有限公司城邦分公司
104台北市中山區民生東路二段141號11樓
客服服務專線：02-25007718；25007719
24小時傳真專線：02-25001990；25001991
服務時間：週一至週五上午09:30~12:00；下午13:30~17:00
劃撥帳號：19863813　戶名：書虫股份有限公司
讀者服務信箱：service@readingclub.com.tw
香港發行所　城邦（香港）出版集團有限公司
香港灣仔駱克道193號東超商業中心1樓
電話：(852) 25086231　傳真：(852) 25789337
E-mail: hkcite@biznetvigator.com
馬新發行所　城邦（馬新）出版集團 Cite (M) Sdn Bhd
41, Jalan Radin Anum, Bandar Baru Sri Petaling,
57000 Kuala Lumpur, Malaysia.
電話：(603) 90578822　傳真：(603) 90576622
E-mail: cite@cite.com.my
初版一刷　2018年10月4日
初版14刷　2023年6月27日

城邦讀書花園
www.cite.com.tw

ISBN：978-986-96244-8-0

定價：380元

〈出版緣起〉

我們在商業性、全球化的世界中生活

經濟新潮社編輯部

跨入二十一世紀，放眼這個世界，不能不感到這是「全球化」及「商業力量無遠弗屆」的時代。隨著資訊科技的進步、網路的普及，我們可以輕鬆地和認識或不認識的朋友交流；同時，企業巨人在我們日常生活中所扮演的角色，也是日益重要，甚至不可或缺。

在這樣的背景下，我們可以說，無論是企業或個人，都面臨了巨大的挑戰與無限的機會。

本著「以人為本位，在商業性、全球化的世界中生活」為宗旨，我們成立了「經濟新潮社」，以探索未來的經營管理、經濟趨勢、投資理財為目標，使讀者能更快掌握時代的脈動，抓住最新的趨勢，並在全球化的世界裏，過更人性的生活。

之所以選擇「**經營管理—經濟趨勢—投資理財**」為主要目標，其實包含了我們的關注：「經營管理」是企業體（或非營利組織）的成長與永續之道；「投資理財」是個人的安身之道；而「經濟趨勢」則是會影響這兩者的變數。綜合來看，可以涵蓋我們所關注的「個人生活」和「組織生活」這兩個面向。

這也可以說明我們命名為「經濟新潮」的緣由——因為經濟狀況變化萬千，最終還是群眾心理的反映，離不開「人」的因素；這也是我們「以人為本位」的初衷。

手機廣告裏有一句名言：「科技始終來自人性。」我們倒期待「商業始終來自人性」，並努力在往後的編輯與出版的過程中實踐。

對於本書（二版）的讚譽

「最好的建議都很簡單、直接，而且馬上可據此行動，瑪圖森提出的忠告便恰如其分。這是所有新手主管的求生指南。」

——馬歇．葛史密斯（Marshall Goldsmith），國際著名作家兼著名編輯，寫過與編過的暢銷書達三十五本，包括《UP學：所有經理人相見恨晚的一本書》（*What Got You Here Won't Get You There*），以及《練習改變》（*Triggers*）

「瑪圖森列出主管在事業發展某個時間點都會處理的最常見情境，提供實用、認真的建議，就好像書架上有一位專屬的輔導教練！請你買一本書送給自己，再買一本送給朋友，他們都會感激你！」

——珊蒂．芮森德絲（Sandy Rezendes），公民金融集團（Citizens Financial Group, Inc.）學習長

「遺憾的是，把自己的工作做好還不足以讓你成功。除非你也摸索學習和主管與部屬建立起重要關係，否則其他的一切都岌岌可危。請將本書當成你的救命繩，幫助你理解現代職場複雜的情勢。」

——多莉・克拉克（Dorie Clark），著有《重塑你自己》（*Reinventing You*）與《脫穎而出》（*Stand Out*）等書，杜克大學（Duke University）福庫商學院（Fuqua School of Business）兼任教授

「哇！雖然我認為不可能辦到，但本書第二版甚至優於第一版！瑪圖森認真務實的方法，恰好是這個步調快速的職場所需。這本書是每位主管的必讀聖經。」

——傑伊・哈吉斯（Jay Hargis），塔夫茨醫學中心（Tufts Medical Center）學習發展前任主任兼紐約大學兼任教授

「瑪圖森了解任何事業的核心都是人。身為一家位在波士頓的家族企業業主，我完全認同她。我極力推薦本書給主管，以及所有企業主。」

——彼得・瑞寧（Peter Rinnig），QRST 業主

「在本書中，瑪圖森表現出色，將所有我們需要的實務行動步驟和非凡的犀利見解緊密交織在一起。我在美國海軍和各類產業領導者們與組織超過二十五年，對於任何想要增進領導力與追隨能力的人，我極力推薦本書。而且身為三個即將成為職場新鮮人子女的父親，我也將此書列為昆斯家的必讀書。瑪圖森，謝謝你和我們分享你的智慧！」

——鮑伯・昆斯（Bob Koonce），《極致傑出運作：將美國核子潛艇文化應用到你的組織》（*Extreme Operational Excellence: Applying the US Nuclear Submarine Culture to Your Organization*）合著者、美國核子潛艇前指揮官暨高度可靠集團（High Reliability Group LLC）行政主管

「我個人曾和瑪圖森共事，她協助我評估與改變我的團隊。現在我擁有一支我渴求的高效能團隊。本書也可以幫助你達成同樣的目標。」

——羅納德・布萊恩（Ronald Bryant），貝斯戴諾伯醫院（Baystate Noble Hospital）院長

「無論是老練的主管或新手主管，都必讀本書。你將會從中學到實用的祕訣，了解如何向上管理、向下管理，以及平行管理，最重要的是，明白和自己、團隊與企業培養出穩固關係的價值何在。」

——珊蒂・阿芮德（Sandy Allred），金百利克拉克（Kimberly-Clark）人才管理資深總監

本書獻給我的丈夫朗恩（Ron），他永遠都相信我的心裏早已經有一本寫好了的書；獻給我的孩子們札查瑞（Zachary）和愛麗西絲（Alexis），我期望、也祈求能用這本書為他們在事業發展歷程中提供指引。我也要獻給我的雙親和手足，他們總是鼓勵我要有遠大的夢想。

向上管理使用說明

我不是要你拍馬屁

在開始之前，先讓我們把一件事講清楚。**向上管理**不是逢迎拍馬，也不是要變成老闆眼前的紅人。向上管理是要學習如何在組織的框架限制下做事，也能獲得你想要的支援或資源，同時協助你的主管和組織達成他們的目標；向上管理的重點在於運用影響力，同時要以正直態度並懷著明確目的行事作為。

向上管理是可以透過練習而培養的技能，但是，就像人生裏的很多事一樣，每當你認為自己終於搞定了，環境又變了。比方說，你可能還沒找到管理直屬主管的最佳之道，你又換了一位新主管了。或者，你可能剛剛才精通辦公室的政治角力，赫然發現董事會已經全面翻盤，你必須重頭來過。

從我開始練習這套技能算起，至今已經有二十餘年了，但我現在還是會重讀那些我一開始用來淬鍊技能的書籍。我期待你也能把本書拿來這樣用。精讀、熟讀本書並且身體力行，都做到之後，把書放回書架上，當你最需要時可以拿來用。你可以透過我的電子郵件信箱Roberta@matusonconsulting.com寫信給我，告訴我這本書為你的人生帶來了哪些重大改善。

現在，就讓我們開始吧！

向下管理使用說明

你突然當上主管

為什麼有這麼多人相信，別人都應該經歷自己曾有的逆境？而且堅持，「天將降大任」的人，一定要經歷動心忍性的試煉、遍體鱗傷的過程，才能通過考驗？比方說，醫學領域常見這樣的思維，年輕實習醫生必須歷經資深醫師年輕時曾有的同樣壓力，只因為大家認為這是升等、升官的必要儀式。

我們在管理階層中也可以看到同樣的現象，在這裏，不同年紀的主管被丟進某個職位，眾人期待他們藉由日常工作實務中一點點滲透、吸收，就會知道該怎麼做。在此，我要鄭重地告訴各位，這種儀式是錯的，而且，我也要針對這個錯誤認知，盡我所能做點事情。

我拿本書的第二篇，用來談**向下管理**，因為我相信，多數擔負起管理責任的人，是真心想要把工作做好，而且，在適當的明師引導之下，他們也有能力做到。問題在於，在這個快速變動的世界裏，沒有人有時間告訴你該怎麼做。因此，你必須握有控制權，自動自發透過自我摸索，才能成為一位高效的主管，以便在商業世界裏成長茁壯。

神經質的人，不適合擔任主管；那些認為「如果想把事情做好，就必須自己動手」的人，也不適合擔任主管。許下承諾要幫助別人成功的人，最適合擔任主管。主管需要具備耐心、勤奮，還有，就像你將會看到的，一定要有很好的幽默感。

有時候，你會覺得自己就像站在最高的浪頭之上一樣；其他時候，你又覺得下一個浪頭打來就會把你捲走。千萬不要絕望，仔細翻閱本書第二篇向下管理，時時提醒自己，透過實作並拿出決心，你可以做得到！

現在，抓緊了，這將會一場刺激的冒險！

推薦序

為成功做好準備

艾倫・懷斯博士（Alan Weiss, PhD）

我和約半數財星五百大（Fortune 500）企業合作過，並為全球高階主管及創業家提供指導教練約二十五年，在這段顧問執業生涯中，我發現一個非常有意思的現象，那就是人們為了成功所做的準備並不夠！

他們都在為失敗、失望、延遲，甚至災難做準備，但不一定會去在乎生活上及工作上出現的恩賜與機會。因此，本書作者蘿貝塔・瑪圖森（Roberta Matuson）的工作，以及她獨特的向上與向下管理法，吸引了我的注意。這一本書的目的，就在於扭轉你要面對的顛三倒四、亂七八糟局面。本書真是書如其「表」啊！（編按：意指原文書封面是以人們上下階梯，表示向上管理與向下管理）

職場叢林的詭譎多變，並非暫時風潮、短期趨勢或單一面向，而是一種新的常態。當你在審視你的事業（請注意，不僅是你的「工作」或是「職位」），你必須要用三百六十度全方位的角度來看，因為，在任何時候，你都有可能忽然之間在被丟進另一個完全不同的世界。你可以軟弱無力地掙扎爬出泥淖，你也可以先完成布局，再等著被人拔擢，為你的新頭銜、新職責，以及不同的關係做好準備。

職場裏的人際關係也會同時發生改變，像是昨天還一起吃午餐的好友，明天可能會變成你最值得信任的左右手，或是最麻煩的問題員工。地球不是平的，你的專業或事業領域亦然。你要變動、輪調並周旋在眾人之間，而導引你去調整或重新調整的因素，可不是永恆不變的自然法則、量子物理學或是「黑暗物質」（**dark matter**）（譯按：天文物理學用語，只一種充塞在宇宙之間絕少與其他物質發生作用的粒子）；你的平衡調整，必須取決於你對新條件及新關係所做的準備，以及你豐沛的責任感。職場和恆常宇宙不同，快速變化的組織破產垮臺、毀滅性的失敗並不罕見。說來讓人難過，但我們全都看到這種事經常發生。

蘿貝塔明智地將她提出的指引，將本書拆解為「向上管理」「向下管理」兩大篇，這樣一來，她就能提出獨特的「對立雙方」觀點，以解析辦公室政治、施展影響力、建立信任、激發動機、掌握動態、績效評估以及如何做出艱難決策等面向。她創新的「雙面鏡」模式，讓你可以同時看到職場裏的前臺演員和後臺導演。

華倫·班尼斯（**Warren Bennis**）寫出極具影響力的著作《無意識的共謀：為何領導者無法領導》（暫譯，原書名 *The Unconscious Conspiracy: Why Leaders Can't Lead*），其源由就來自於他身為綜合型大學領導者的工作經歷、他未達成的期望、未預期到的發展，以及失敗的理論。這些嚴酷的考驗，催生一套嚴謹扎實的領導力相關研究。

在本書中，蘿貝塔則善加運用她在組織中和身為顧問的職涯，帶來足以和她本身工作貢獻相輝映的機敏觀察與分析。她說她自己的領導風格是「沉浸式」（marinating）的，並用在和婚姻及治療（提後者會不會有點多餘了？）有關的貼切比喻。讀者必定覺得頻頻受邀，忍不住想要揭開帷幕和演員聊聊、查探一下整個場景、大力讚賞一下技術團隊，並在正式開演時，看著無可避免的錯誤或即興演出上演。

本書可以幫助你快速調整，適應影響你職涯深遠卻又難以阻擋人事大地震，以下這幾點特別發人深省：

- 升遷通常不是深思熟慮的接班計畫，也不是經過長期準備後的結果；而且大多時候，突然獲得升遷，會造成心靈創傷並讓人害怕。
- 獲得升遷後的最初幾個月的重要性，就像是演講開場的前幾分鐘，因為這段時間將會決定人們之後會花多少注意力在你身上。
- 承諾永遠勝過屈從，而投入則有助於確保承諾。
- 你通常因為才華與行為而決定聘用並給予獎勵，因為一定可以想辦法習得技能和內容。但是，如果對方還沒有表現出熱情與動機，你就很難要求他們擁有這些特質。

- 信任（trust）是可信度（credibility）的轉運站，而你必須從累積雙方信任開始。
- 年齡、性別等人口統計特徵，當然是造成職場變化的力道，但是，這不能把某些資深員工從「父母」的立場、教育「子女」的態度來調教年輕主管的行為合理化。
- 並非每一段關係都值得保留，但你絕對要弄清楚哪一段是、哪一段不是。

本書中充滿了這一類辛辣、務實且激勵人心的建議。

我個人的經驗是，人們尚未充分了解領導的重點在於做出艱難的決策，而非取悅大家（或他們自己），更也不是成為「救星」；那些被推到領導地位的人尤其搞不清楚狀況。當我聽到一位新手主管在上任時鄭重宣布：「我當家時，絕對不會發生這種事。」我就知道，這位仁兄根本在否定現實、逃避責任（伴隨升官而來的責任，通常讓人痛苦不堪）。

你將會在本書中看到為何以及要如何做出艱難的決策，為了保有明智而犧牲討喜，為了生產力而避開辦公室政治，以及要獎酬績效、而非悲觀主義。被塞進領導地位或要為現在身為你現任主管（前同事）賣命，最困難的事，就是要保有之前關係中的正面部分，同時要拋下放到現在已經不適合的部分。蘿貝塔是一位一流的領航員，帶你乘風破浪，穿越狂風暴雨、充滿著不確定的汪洋。

在本書中，蘿貝塔都在談尊重的重要性。不管是在生活中，還是本書中的詳實紀錄，我發現，獲得尊重與保有尊重是一種共同的需求，無關乎階級、公司規模或是名片上的職銜。蘿貝塔輕巧地用這個觀點漂亮處理了某些問題，而且不論對主管或部屬，永遠都用敬重的心態來看待對方。基本上，如果要我用一句話來說盡她傳達的訊息重點，我會說是：「先尊重自己，才能尊重別人。」

唯有尊重存在時，才能用最好的方式處理突如其來的階級與關係變化。本書可幫助你避開快速飛黃騰達而衍生的驕傲自負，以及似乎被人忽視而升起的煩惱苦處。本書切入的觀點，是對自己和對他人永遠要以尊重為本，這一點在現在商業書籍中很少見，但卻是現代組織中非常重要的一環。

不管你是從第一篇向上管理依續往後閱讀本書，或是從第二篇向下管理倒回來閱讀，不管你是新主管還是新部屬，你都會因本書把現在做的事做到更好，而不論你名片上的職稱有沒有步步高升，相信你都會因此感覺到你的能力有所提升。

本文作者為《百萬顧問》（暫譯，原書名*Million Dollar Consulting*）及《振興！》（暫譯，原書名*Thrive!*）等書作者，高峰顧問集團（Summit Consulting Group, Inc.）執行長

目錄

向上管理・向下管理

Suddenly in Charge

第一篇：向上管理

開始進入本書第一篇〈向上管理〉之前，如果你已經有效達成向上管理，請直接閱讀本書第二篇〈向下管理〉，確認你必須要做哪些事，才能成功做好向下管理。

第一篇：向上管理

你無須喜歡或欽佩你的主管，你也不需要痛恨他。但是你必須要管理他，好讓他變成你達成目標、追求成就及獲致個人成功的資源。

——彼得．杜拉克（Peter Drucker）

〈向上管理〉前言

真誠，向上管理唯一的方法

你可能很好奇，為什麼我們會選擇以向上管理為本書議題，因為有很多人可能都還在五里霧中，努力去找出自己的新管理角色要承擔哪些職責。這麼做是因為如果你無法快速找出向上管理的方法，你就不用擔心要如何向下管理了。

在由上而下的商業世界裏，管理職位在你之上的人可能有點不自然，但是你若想在任何組織當中出類拔萃，熟練向上管理的技巧正是你一定要做到的事。你永遠都會有「老闆」，就算你現在是一位創業家，或者你認為你有一天將會自行創業也一樣，這個人可能是你的配偶、你的合夥人、外部投資人，或者是你貨真價實的老闆。學會如何有效管理這些關係，至關重要，這樣你才能確保自己能擁有必要資源，以求在任何情況下都能有成就。

向上管理的關鍵之一，是要讓人看不出來你在進行向上管理。要能做到這樣，唯一的方法就是要真誠。如果你覺得本書中有某個建議不適合你，那就請你先思考一番，一直到你覺得那是你每天可以身體力行的事為止。挑戰你自己，每一天都有進步，在你察覺到之前，你已在各方面成就非凡。

想要順利地與主管建立起關係，你必須了解他的管理領導風格，並順勢調整你的行為，才能為他提供他所需要的。這麼做，能讓你們培養出友誼的關係，以便用更快的速度完成各項任務。

我年輕時，曾受命進入我完全不具備技術專業的領域接下相關工作。雖然我不是工程師，但成為管理工廠的主管。我從無銷售或行銷的經驗，但我曾擔任銷售總監。我很快就明白，成功的關鍵在人身上，也在於如何調整整個部門以契合企業整體。

我看事情的重點一向是：「我如何幫助我的主管更成功？」我知道我需要做的是，快速找出對方的行事風格。當然，很多時候我們可能會出現歧見，但走出會議室，拍板定案之後，決策就不再是我一個人的，我必須調整好之後再離開會議室。

——羅傑．楊（Roger Young），利豐公司（Li & Fung）人資長

第一章

向上管理

抱歉，請問解密戒指在哪裏？

——了解主管的管理風格

我非常懷念一九六〇年代。那時候，你可以在某些早餐穀片的盒子裏，找到一個免費的解密戒指。我不大確定這個戒指實際上能不能解密，因為當時我的冒險範圍不得超過遊戲室的四面牆之外。但是，對於一個小孩來說，那個戒指就是有魔法。一旦你套上了，它會讓你覺得可以破解一切。在我身為主管的職涯中，有許多次我夢想著我能保有這個解密戒指，這樣一來，也許我就可以更輕鬆地知道我的主管到底要什麼、想什麼？

現在的我更長大了一點，而且被迫要住在現實世界裏，在這裏，解密戒指早已經是過去的產物；但是，真的如此嗎？或者你可以讀一讀這一章，這章應該算得上是解密戒指的現代版：仔細閱讀本章，以解開你上司管理風格中的祕密。當你這麼做時，你將能調整你的期待及溝通方式，讓你能和生命中最重要的人之一平安共度、和平相處，那個人就是你的主管。

為何了解主管的管理風格這麼重要？

管理大師彼得・杜拉克（Peter Drucker）在《彼得・杜拉克的管理聖經》（*The Practice of Management*，繁體中文版由遠流出版）（譯按：本書前一版本的中文版譯名為《管理的實踐》）書中寫道：「你無須喜歡或欽佩你的主管，你也不需要痛恨他。但是，你必須要管理他，好讓他變成你達成目標、追求成就及獲致個人成功的資源。」雖然杜拉克在一九五四年就寫出了這本書，但這一席話歷久彌新。這些話和現今的工作者尤其息息相關：承蒙過去幾年來不斷出現的精簡成本做法，如今人們必須爭奪著更少的機會。

你在組織中的成就，完全取決於你有多麼善於管理你與主管之間的關係。你的主管握有「芝麻開門！」密碼，如果你無法滋養這份關係，大門就會緊閉。他是可以代表你要求更多資源的人。他可以扮演關鍵角色，為你和整個組織裏各關鍵人士牽線，而且，他也可以保證分派給你的是好專案，能為你提供持續成長機會。當然，主管也代表支持你、確保你因為在工作上有傑出表現而提供適當獎勵的人。

你必須承擔責任，負責發展及維持你和主管之間的關係。確保你和主管之間的關係能助你達成目標，在這件事上沒有人比你更有切身利益。你也許會想，你對主管也非常重要，就像他之於你一般，而這一點某種程度上是對的。少了你的支持，你的主管確實不大可能達成他的目標；但是，他也許會有其他可以仰賴的直屬部屬，而你很可能只有一位主管。沒有你的主管支持你，你非常可能就此停滯不前，甚至連飯碗也丟了。

在《權力與影響力：超越形式上的權威》（暫譯，原書名 *Power and Influence: Beyond Formal Authority*）一書中，作者約翰・科特（John Kotter）提到要和主管之間發展出有效的關係並細心呵護的四個基本步驟：

【和主管培養良好關係的四個基本步驟】

1. 盡量蒐集最多資訊，了解主管的目標、優勢、弱點，與主管偏好的工作模式，還有他所承受的壓力。
2. 誠實評估你自己的需求、目標、優勢、缺點以及個人風格。
3. 把這些資訊當成裝備，營造出一份能滿足雙方重要需求及風格的關係，並讓你和你的主管能透過這份關係了解你的期待為何。
4. 要維護這份關係，隨時讓主管掌握相關資訊，以可靠且誠實的態度做事，而且要選擇性地善用主管的時間及其他資源。

憤世嫉俗者以及知其一、不知其二的人，會假定人之所以要努力和主管培養穩健扎實的職場關係，唯一的理由就是基於辦公室政治的利益盤算。然而，現實是在複雜組織裏工作的人，他們的主管經常分心變成多頭馬車，因此，為了獲得必要的關注與支持，讓你能成功擔任領導者角色，你必須主動擔起責任、設法管理這些關係。

解碼：如何破解主管的管理風格？

向上管理這件事最大的問題，是沒有二位完全相似的主管。當你找出你的主管需要什麼時，也就是你獲得拔擢之時。這句話的意思是，如果你能妥善管理你的主管，你就能獲得升遷；否則，你就會發現自己得另覓新職了。還有，我們也活在一個主管多元化的時代。在全球化的經濟之下，你可能會有一個外籍主管，或是一位實際上就住在另一個國家，透過遠距方式管理你的主管。讓人興奮嗎？是的。容易管理嗎？不見得。

當你在大公司工作時，被指派到新的工作團隊是常有的事，這表示你得破解另一位新主管的管理風格。以下這些建議可供要開始追隨新主管的人參考：

【追隨新主管的五個技巧】

1.避免預先假設

不要假設你要用什麼樣的方式和新主管溝通最適合，也不要假設這種方式會切合他的需求和風格。

2.問一問你的主管，看看他希望你用哪種方式和他溝通

比方說，他比較喜歡拿到每周進度報告？還是比較喜歡每兩星期面對面交談？透過事先提出這個問題，你可以避免浪費時間去寫他根本不會讀的報告。

3.你必須掃瞄一下所處的環境

這裏的節奏快速嗎？你是在大型跨國企業裏工作？還是身處在以眾多併購案為特色的產業裏？你的主管是否忙碌不堪，造成他很少注意細節？更沒有時間去看看實際的情況？若是如此，那麼，你就要負責調整你的溝通風格，為他提供你的發現及建議摘要，避免以長篇大論細說從頭。

4.你必須先行驗證你要提出的建議

我說這話的意思是，你必須先和要用到你工作成果的那些人一起驗證你的結論，而這項驗證資訊將會變成你的祕密武器。比方說，假設你的職責是要為銷售產品與服務的人提供銷售工具。你可以先為最終使用者提供工具摘要說明，看看他們認為哪些做法最有效，藉此驗證你的結論。之後，當你再向高階主管做簡報時，你可以不經意地提到這些使用工作者的一、兩個看法。這種方法展現你已經做到該做的實地驗證，你的工作成果值得信賴。

5.告訴大家他們必須要知道的事

不斷地自問：「這樣如何？這個人真的需要知道這件事嗎？」如果不是，請跳過。

我最近和一位在全球性組織任職的主管談話，她和我分享以下這段話：

「多年來，我學會必須改變自己的風格，以適應主管以及工作環境。比方說，我曾經在一家小廣告公司擔任資料處理副總。在那裏，我的主管就在我隔壁的辦公室，我們有機會建立起彼此信任的關係。他每天都會看到我，他信賴我的建議，而且完全放手讓我去做。在現在的工作環境中，我的主管在這個國家的另一端，而他的主管人在歐洲。我們少有機會可以互相認識，因此，這當中的信賴程度就無法像我和之前的雇主這般深厚強烈。我試著去做一件事情，就是多聽聽他們要說什麼。我調整我的步伐，我給他們更多時間來追上我的思緒。我會給主管很容易消化的少量資訊，這樣做可以讓我建立起信任與理解。」

這位主管知道，破解主管的管理風格，將是她在整個職涯中必須持續精進的技能。

常見的四種主管類型

主管有不同的類型、特質與風格，在此，我們要聚焦在四種你很可能在職場中遭遇的常見管理風格上。如果沒有一個類別完全適合你的主管，請勿驚慌。人常常會在不同類別中重疊，也可能在沒有任何警訊之下從某一類變成另一類。

要辨識管理風格，可透過觀察主管運用權威的方式、他和別人相處的方式、他是否鼓勵部屬提出參考意見並予以重視，以及他身為領導者的溝通方式。

主管類型一：獨裁型

這種管理風格也稱為軍事化或權威式的風格。這種風格的主管會發號施令，並預期每一個人的立場一致，不可有絲毫質疑。他會自己決定要做什麼事、要把哪些任務指派給誰、要用哪種方式完成工作，以及何時完成。無法遵照指示的員工，可能會覺得自己像是被送到軍事法庭審判一樣慘烈；比較幸運的人可以光榮退役，大部分的人通常都是「提早離營」。

採用這種風格的主管有一些共同的特徵，那就是他是唯一知道目前情況到底如何的人，他永遠是對的，他沒有興趣去聽聽別人怎麼想，他阻止任何人提出異議，他可能會容許進行討論，但之後完全忽略任何人說過的任何話，他會密切監督每一項任務，他不容許任何人質疑決策或權威，你經常可以聽到他對部屬咆哮，還有，他會使用恐懼當成刺激因素。

如果你可以逃離這類主管，那就太好了，但是，並非每個人都能做出這樣的選擇。你可能住在一個好工作很少的小鎮裏，或者，你可能是挑起養家重擔的家庭經濟來源。也有可能的情況是，你可能必須要忍耐下去，因為你不能失去公司提供的醫療保險。

我不要說謊，說你一定能夠馴服猛獅；但是，我要為你提供一些建議，讓你了解如何在不被獅爪抓傷的前提下留在獅籠裏。

要在這種條件下生存，你必須要把問題中的個人因素消除。你的主管之所以表現出這樣的行事風格，和你沒有多大關係；比較重要的因素是他自己。我從個人經驗中了解到，這種情況會讓你身體出毛病。你也可能會喪失自尊；到最後，這會讓你無法突破重圍，因為你的主管會讓你相信，除了他以外沒有別人要你。

【管好獨裁型主管的四種方法】

1. 挑選你的戰場

如果你知道主管喜歡用主導權開戰，那麼，請盡量不要給他軍火。如果他的命令無關生死，就照他說的去做吧！如果你運氣好，他很容易把他的怒氣出在另一個不合作的人身上。

2. 先一步預期到主管的需求

獨裁型主管喜歡抓人的小辮子。你要隨時準備應戰，這樣就可以免於落入他的陷阱。比方說，如果主管素以直接走進辦公室要求拿到最新的資料聞名，那你手邊就要準備一張小抄，萬一你被點名，就能迅速回應。

3.把工作做好

當你在這種條件下工作，要表現傑出難如登天，但是，這卻正是你必須做到的事。把你的工作做好，讓主管多花點時間到別人的辦公桌前緊迫盯人。

4.累積可信度

要和這一類的主管培養出信賴關係，需要花費更長的時間，但這並不代表做不到。在他需要的時間點，為他提供他真正需要的，最後，他就會收斂這種大小事一把抓的管理風格。

主管類型二：放任型

每一個人都夢想能遇到一位完全放手讓你自己去做的主管，但是，這種想法也僅止於當你真正碰到一位終極版放任型主管之前。放任型主管很少和直屬同仁溝通，他們相信，每一個人都可以主動打聽知道自己要做什麼事。而這些人也正是在績效審查會議中，說你沒有達到他們期待的同一群人，但是，他們根本沒有告訴過你，他們期待什麼。因此，密切管理放任型主管是非常重要的事，就算你人在天涯海角之外也一樣。

這一類主管也有比較不極端的版本，他們會告訴你做好工作必須知道的事，然後讓一條路給你，讓你自己去做。如果要這一類主管穿上標語式T恤來表達自我，上面會寫的句子應是：「如果你沒有聽到我的聲音，那就表示一切順利！」

這類放任型主管常見的特色包括：溝通內容有限，預設部屬在他們所屬的領域中有能力自我管理，相信他們的直屬部屬能處理自己的問題，因此不需要太多的指引和介入。這類主管非常相信責任制。他們認為，如果他們給你高度的信任，你的表現將會更好。

【管好放任型主管的四種方法】

1. 尊重他的時間

這類主管通常是注重結果的人；與其閒談，他們還比較寧願動手做。因此，你們之間的對話要簡單明快，這是非常重要的事。思考一下你想跟這個人說什麼，然後再把對話內容減半。這種做法會逼得你必須簡明扼要，在這個分秒必爭的世界裏，這是非常寶貴的特質。

2. 提問

面對放任型主管，你必須多提問，因為自由放任的主管要不然就是忙到沒有時間給你方向，要不然就是真的不大清楚要你做什麼，因此無法給你適當的指導。後面這種情況並不罕見。當一位主管才剛剛接掌一個他所知甚少的部門，或者他是空降部隊、而非一步一腳印爬到這個位置時，尤其容易發生這種事。你要問的第一個問題是，當主管在接收及回應你的問題時，他偏愛使用哪一種溝通形式。他希望你有問題時就用電子郵件告知他？或者，他希望你蒐集整理所有問題，留待每周例行會議中提報？還是，他寧願你用老方法來處理問題，比方說，直接撥個電話給他？

3. 讓他知道相關資訊

沒錯，我是說過，說到溝通的對話，這類主管相信「少即是多」。但是，沒有人喜歡意外，就算是放任型的主管亦然。這表示，帶著疑問、問題以及建議去找他的責任，在你身上。你必須讓主管知道你現在往哪個方向走、未來可能遭遇的問題，還有，如果由其他人給他資訊，有哪些因素會回過來反咬你一口。

4. 做好準備管理自己的績效

如果你希望在某一次績效考核獲得好成績（或者，就這一點來說，在任何考核上都能表現良好），你就必須掌控自己的績效審查。放任型主管不可能知道你做出的所有貢獻，因此，你必須負責提醒他，你完成了哪些工作。

在考核前的幾周，你要為主管提供詳細的自我評鑑，強調你在評鑑期間內的貢獻，以及你為了達成特定目標做了哪些事。你要撰寫一份平衡的回顧報告，列出所有的優勢面，同時也要寫出你必須持續發展的目標。如果你承認自己有些必須努力改善的方面，你的主管也會認同你的自我評估報告是一份立場持平的評鑑，更可能參考這份報告來寫出他自己對你的評鑑。當他要求你簽署的評鑑內容和你給他的東西一模一樣時，你可別訝異！

主管類型三：官僚型

有一些主管完全照章行事，甚至連規則早已經毫無道理也毫不在意。你最可能在必須層層上報的科層式組織裏遭遇這類主管，比方說，公家機關、醫院、大型服務業以及歷史悠久的家族企業。這類官僚型主管的特色，包括必須讓一切受控，而且渴望要有架構、系統流程以及規範。在那些於牆面上刻著傳家格言的企業裏，你經常可以聽到「我們一直都是這麼做的」這句話，迴盪在公司走廊。

【管好官僚型主管的三種方法】

1.學會規則

應付官僚型主管的最佳方法，就是學會組織裏的規則。如此一來，你就能夠了解組織堅守的傳統，這種方法讓你得以仔細挑選戰場。

2.遵循標準程序

當你為了要做某事而去找官僚型主管時，你必須讓他知道，在請他拍板定案之前，你已經完整打點好各個適當管道。你可以告訴他針對這件事你找過哪些人，順勢做到這一點。

3. 要有耐心

你要明白，建構在官僚基礎之上的組織，改變的速度很慢。你可能必須等待改朝換代，你的概念才有可能具體成形。如果守規矩這種事情和你的本性不合，你要考慮去找一個本質上不那麼固守傳統的組織。

主管類型四：顧問型

如果你可以自行選擇主管的類型，那一定要選這一類。說到決策，這類領導者雖然保有最後的否決權，但他們會在解決問題時納入他人的意見，並權衡輕重。這類主管多數有出色的傾聽技巧，並善於和直屬同仁及組織中的其他人建立良好的關係。他們也會認同其他人的貢獻。

【管好顧問型主管的四種方法】

1. 做好準備

他們一定會問你有什麼意見，因此，非常重要的是，你要先思考如何回答某些主管可能的提問。準備好能支持你立場的證據，以此做為你論述的後盾。

2. 成為概念發想人

顧問型主管會為提出好概念的部屬加分；他們會授權給部屬，並在看到成功結果時歡欣鼓舞。他們讚賞拿出創新概念的人，因此，請提供他們想要的。

3.不要認為事情是衝著你來

大家很容易就忘記這類主管建立的並非民主體制。你要預期到主管有時候一定會把職位階級抬出來。支持他的決定，並繼續向前邁進。

4.傳達你的感激

遇見這樣的主管，算你幸運。偶爾，要讓你的主管明白你有多感激他，願意以同事的立場對待你，而不是把你當成他的部屬看待。

兩個人，成就一段關係：自我意識如何發揮作用？

我要先坦白，在一個必須經過層層審核的組織裏，我連一天都撐不過去；如果主管屬於獨裁型，我也沒辦法在工作中成長茁壯。我可以這麼說，只有我自己才清楚與哪一類型的主管相處愉快。

一段關係的基礎，在於雙方之間的互動。如果主管的垃圾桶裏，裝滿了在你進公司之前壯烈犧牲的前同事員工證，那麼，當你接受這項職務之前，一定要再三深思。

花點時間，去評估你覺得和哪一類的主管在一起工作成效最好。當你在接受求職面試時，請仔細觀察。睜大眼睛、豎起耳朵，觀察任何能幫助你判定的元素，決定你是否能夠調整自我風格、融入其中。

持續維繫關係

要能和主管之間維持良好的職場關係，必須付出不斷的努力和持續的關注。你要監督內、外部的變化，並在主管自己都還不知道之前就先預期到他的需求，藉此滋養這些關係。這樣做，將會讓你脫穎而出，變成對主管、對組織而言的寶貴資源。

哪些事讓會讓你無法管理和主管之間的關係？

以下這五件事情，會損害你和主管之間的關係：

【損害你與主管之間關係的五件事】

1. 言行不一

你的主管必須相信你會言出必行，否則的話，雙方在一起工作就毫無意義。要做到你承諾的事情，或者，如果你辦不到，要儘快讓主管知道，以求有時間採取替代方案。

2.越級報告

若走這一步棋，幾乎保證你這份工作的任職期間很快就會走到盡頭。除了某些不法情事的例外情況之外，最好的做法是，在越級報告之前，先試著和主管一起想辦法解決。

3.對主管無禮

我們都有過這種經歷，很想在眾多同事的面前賞老闆一個耳光。非常可能的情況是，我們隔天（或者下一小時）就會後悔自己真的這麼做了。你不用喜歡你的主管，但是，你一定要對他保持某種程度的尊重。

4.對主管說謊

說謊太容易被逮了，在這個社群網站活絡的時代更是如此。比方說，你說你生病請病假，但卻在臉書塗鴉牆上說，你今天要帶女兒到海邊玩。我保證，你的朋友中一定會有某人在某個地方讀到你這段話；請讓我們祈禱，這位「某人」不是你的主管。

5.對主管落井下石

你的工作是要支持你的主管，而不是讓主管的主管知道他有多無能。如果有人問起你的主管表現如何，你當然不必說謊，但你也不需要給他一份長達十頁的報告，上面詳載著從你們共事以來，你注意到他有哪些行為不當之處。

【重點整理】了解主管的管理風格

- 職場中，你必須熟練最重要的技能，就是管理你的主管。你在組織中的成就，完全取決於你能把和主管之間的關係管理到什麼程度。
- 作家兼管理專家約翰．科特，提出有效管理主管的四個基本步驟：盡量蒐集詳細資訊，以了解主管的目標、優勢、弱點以及他偏好的工作風格；根據你的個人風格，誠實地評估你自己的需求；使用這些資訊，打造出能滿足雙方需求的關係；以及，證明你這個人可靠、誠實並且尊重主管的時間，藉此維護這段關係。
- 我們考量主要四種類型的基本管理風格（但事實上可能還有幾十種）：獨裁型、放任型、官僚型以及顧問型。在管理的世界裏，每一件事都不簡單。你的主管可能是結合了一類以上的混合體。請找出他落在哪一類，並據此調整你的風格。
- 要管理主管，要先從自己做起。你必須了解自己的溝通風格，才能進行自我改造，以適應目前的情況。
- 管理和主管的關係，是必須持續投入關心與注意的流程。

辦公室政治的操作遠超過你的想像。非常重要的是，你必須了解這一點，並學會一些應對機制，同時培養出你控制自身反應的自我意識。你可以管理自己要介入辦公室政治到什麼程度，也可以管理你要以什麼態度介入。

你要時時檢視自己的動機，自問：「我對於能參與這個計畫感到興奮不已，是因為我能因此提高公開的能見度，還是因為我喜歡和執行長並肩作戰，或者是因為這個計畫正是應該要做的正確之事？」如果你開始運用政治操弄，永遠只把重點放在你自己的成就上，到最後你將無法成功。

很重要的是，要知道職場並非真的是一場你贏我輸、你死我活的零和遊戲。我的成功不見得一定要以別人的失敗為代價。

——保羅．沙多里博士（Paul Sartori, Ph.D），博士倫（Bausch and Lomb）人力資源兼公共事務企業副總

第二章

向上管理

辦公室政治

——你已經加入賽局了，就好好面對吧！

關於辦公室政治，且讓我們直接了當把這件事說清楚。不管別人怎麼對你說，辦公室政治實際上是**每個**組織都會上演的賽局。不論你是在非營利組織、政府機構、私人企業或是家族企業裏工作，總是有某個地方正在進行某一回合的政治角力賽，可能是董事會裏，也可能是在後方的小辦公室裏。

在你開始撰寫辭職信之前，非常重要的是，你要了解所謂政治，不僅僅是操弄而已，而是如何有效運用權力。傑佛瑞．菲佛（Jeffrey Pfeffer）在其著作《用權力管理：組織中的政治與影響力》（暫譯，原書名*Managing with Power: Politics and Influence in Organization*）一書，對此深入而詳細地論述。我是菲佛的大書迷，因為他毫不猶豫地說出了其他人想要掃進董事會地毯下的禁忌。我給他高度的評價，因為他協助我破解密碼，在我任職的組織中找到權力真正所在之處，而這一點幫助我保持清醒，讓我順利度過職涯中某些非常瘋狂的時刻。若沒有這項資訊，基本上，你就是好比是靠著手裏一把小小的手電筒在大型的碎石坑裏工作。菲佛在該書中，大力闡述每一個組織的「葫蘆裏賣的是什麼藥」。

菲佛定義的「權力」，是能透過人把事情做好的能力。能有效施展權力的人，會遵循「潛規則」（unwritten rules），讓他們在組織裏機動調度，以獲得稀有資源、讓最重要的專案通過核可，並且能夠獲得升遷。學會這些潛規則，可以提升你往前推動職涯發展的能力。且讓我們更貼近一些，來觀察辦公室政治如何在真實世界裏運作。

是的，人生本來就不公平：實際上，大家如何完成工作？

有多少次，你或你認識的某人，抱怨著職場上的不公平？也許是因為某個「熟知內情」的人，得到你多年來夢寐以求的升遷；也許是因為資金進了總裁最偏愛的部門（多半是營業部），導致某位同事拿不到執行專案必要的金援。

人，生而不公，在職場上尤其明顯。

我大可要你別去管辦公室政治，讓你冒險自行體會，然而我相信以下這段故事，因為會更有說服力，說故事的人以痛苦的方式體會到，對於辦公室政治置之不理並不是個好主意。這是柯蒂．桑琪思（Codie Sanchez）的故事，她是重新定義絲線公司（Threads Redefined）的創辦人兼執行長。

我在這件事情上還算幸運，我做第一份財務相關工作時，就從辦公室政治當中學到了教訓。年輕時，我曾在一家全球大型企業裏和大男人過招。當時我剛完成一個競爭激烈的訓練方案，正在選擇是要投入交易、銷售還是銀行業務。我有個想法。這是一家大如巨人的企業，但我在巨人的鎧甲上看到一條裂縫。我提議新增一個新職位，責任是幫助我的主管做好某一項職務，好讓他在他的主管面前表現亮眼，同時讓我累積我渴望的國際職場經驗。他很喜歡這個想法，要我打包做好準備，就等他向高層做完簡報即可。

時間往後快轉幾個小時，我接到電話，要我去他辦公室。我欣喜若狂，基本上是一路從雲端飄過走廊。他要我坐下，然後說：「柯蒂，我要問妳一個問題。妳覺得妳的同事怎麼看你？」我的腦子裏發出「嘎」的一聲。我不知道他在講什麼。他繼續說：「好，這樣說吧，你的隊友似乎認為你會踩著別人的屍體往前衝。」我永遠忘不了這幾個字：「踩著別人的屍體」。我費盡力氣忍住眼淚，想辦法澄清我的想法，他卻自顧自地往下說。他說明時用到的字句包括神經緊繃、工作狂、從不和別人一起吃午飯、從不參加小組的派對，以及我的隊友認為我只在乎工作。持平而言，其實沒錯。

不用多說，他接受我的想法，新增了那個職務，並把職位給了我一位同事，這人和我不同，不是大家眼中讓人膽寒的連環殺手級人物。現在有兩個選擇：一是成為受害者並抱怨這個世界不公不正；一是明白人生會發生某些事都是有意義的，而不是剛好發生。我選擇後者；我坐下來對自己說，顯然我錯了。認知會成為現實，我必須在組織內部努力「推銷」自己，就像在組織之外這麼賣力。對我而言，這代表我要主動磨平自己的稜角。我計畫每兩個月和整個團隊一起吃一次午餐，我會帶點杯子蛋糕來和大家分享，我會去找點現成的烘焙材料來做點心，之後我會找到呈現自己的方式，並成為大家眼中融入團隊文化的人。就像在親密關係當中你必須妥協一樣，在組織裏你也必須這麼做。你可以說這是辦公室政治，說這是推銷，說這不公平，但這件事的意義是，你可以在工作上成為最出色的那一個，但如果適當的人並沒有從適當的角度來看待你，出不出色其實也不重要。

身為一位新手主管，你必須要做的前幾件事之一，就是密切觀察組織裏的工作實際上是如何完成的。我講的不是你在第一周新人訓練會學到的那些事，而且我也不是建議你去讀公司的營運手冊。這些資訊通常都是固定靜態的，在多數時候，只代表公司希望你一定知道的那些事。我在這裏要談的，是要了解完成工作的**非正式**管道。

我相信，在一九五〇到一九六〇年代時，比較容易了解這些事。當時的職場沒那麼複雜，通常都由白種男性負責經營。你很容易就能根據人的外表判定，知道誰是大權在握的人。還是說，那時也沒辦法做到？即使回到那個年代，通常還是會看不出來「某人」掌握大權，而這個人的位置，通常是我們在現代已經不常聽見的職位，這些人叫做祕書。這些女性（祕書幾乎都是女性），可以成就、也能毀掉許多年輕人的事業，因為，她們掌控了通往主管辦公室的那條路。

還好，今日的商業世界已經大不同了。女性與少數民族已經變成企業主及成功的領導者了。在此同時，隨著全球化，商業世界也日趨複雜。我們無法再根據服裝儀容決定誰是掌權者（這要歸功於商務休閒（business casual）這種穿著風格的發明），也無法只靠種族或性別就做出假設，認定誰是高階主管。

身為一位新手主管，你必須微調你的偵探技巧，以發掘組織裏完成工作的非正式管道。你要敏銳觀察、仔細傾聽，並且盯著那些永遠都能心想事成的那些人，看看他們如何和主管及層峰人士互動。當你開始了解組織裏的行為時，你就能更充分準備，以便打造並執行讓你在組織中能有所成就的賽局規畫。

兩種權力類型

組織裏有兩種權力來源，一是**職位權力**（position power），通常指的是階級權力。這是正式的權力，有權者可以僅根據其職位對他人施展這種權力；這類權力包括預算及實體設施的控制權，以及資訊控制權。很有意思的是，請注意，現在你也是主管了，你也擁有這樣的職位權力；但是，顯然不如你的主管那樣位高權重。

另一類的權力是**個人權力**（personal power），指的是個人本身能影響他人的能力。個人權力的高低，和一個人與同事之間建立起來的信賴度直接相關。來看看以下這種情形：假設公司決定凍結全公司的人事。你沒有職位權力規避這項凍結政策，無法像總裁那樣還能招募新人進來。因此，你必須仰賴你的個人權力，說服你的主管，說明核准錄用新人，才符合公司最佳利益。根據你過去經營一支精實團隊的實績，再加上你僅要求你需要的，你提的要求很可能會被批准。若有另外一位主管素來都在建構龐大帝國，他的要求可能就會被拒絕。

政治賽局：如何避免被人鬥垮？

如果你曾經下過棋，你一定知道，若想要贏，你一定要有策略來下這盤棋局。出色的棋士會不斷地評估整個競爭態勢，他們會一直設法提早一步。如果你希望在工作上避免落入被「將軍」的局面，這就是你需要的策略。

【職場中避免被人鬥垮的四個策略】

1. 知己知彼

對多數人來說，要了解職場裏哪些人站在他們這一邊、哪些人不是，不需要花太多時間。組織裏的小道消息網絡會為你提供資訊，告訴你哪些人樂見他人成功，而哪些人又是一旦拿到權力列車的鑰匙，絕對會毫不猶豫發動引擎把你輾過去。

2.三思而行

我並不是說你的一舉一動都要經過仔細分析，我是說，你要審慎思考你的布局，並預測接下來可能會發生什麼事；當你的行動會影響他人，或是當你身處動見觀瞻的環境中時，更應如此。

要知道，看起來無足輕重的行動，對方可能會反咬你一口。我想起曾有一次要解雇一位無法勝任工作的員工。我把我的決定送到主管那裏，他也同意這是正確的一步。但是，我們兩人都毫無準備，沒想要面對組織裏其他人的憤怒；他們認為不應要此君離開。最後，我的主管把火山爆發的這筆帳算到我頭上。他是設法避免衝突、很會見風轉舵的那種人；不幸的是，那天的風並不是按照我想要的風向吹。

3.從錯中學

如果你無法從自己的錯誤中學習，那你就永遠成不了棋藝高手。當我先生和我們十二歲大的兒子下棋時，我在自己的家中看到這一幕活生生上演。我先生一直提醒兒子，不要重複讓他輸掉整局棋的一著棋。最後，我兒子終於悟得訣竅，而且順勢教我丈夫幾步棋。

我兒子的優勢，是他知道不管發生什麼事，他都不會被這個我們稱之為「家」的組織拋棄。但是，相反地，你可沒有這麼多機會。若你幸運的話，有時候你會得到第二次機會，前提是，你的錯誤不會威脅到組織存亡或主管名聲。很少有第三次或第四次機會這種事。也因此，你最好要從錯誤中學習，並因為這些錯誤而成為一位更出色的主管。

4. 行事低調

有時候，避免落入眾人皆輸局面的最佳方法，就是要行事低調。要做到這一點，你要在組織內活動，但是盡量避免耀武揚威。你要在雷達看不到的地方運作。當你懷疑你的主管要和顯然比他更有權力的人硬碰硬，而且，你也預期到宣戰時也會有人叫你有所行動時，這項技巧特別有用。當有人叫你選邊站時，你只要說你需要時間好好想一想就成了。我們只能希望，在你的主管回過頭來找你之前，問題已經隨風而逝。

判定真正掌權的人是誰

我很愛我的後照鏡上貼的那句警語，那句話是：

「出現在鏡中的物體，比你以為的距離更近。」

這句話讓我想到很多職場與商場的事情。你認為自己知道後面有什麼，但是有時候，問題和你的距離比想像中更近。你能不能在被追上之前就先閃避？你應該加速？還是應該慢下來？如果當你在注意某個問題的同時，又有另一個問題干擾你，那會如何？

在企業高速公路上經常會發生這種事，因此，多一雙眼睛可不是壞事。有這麼一分鐘，你以為自己知道誰主控全局，你投資大把時間，和那些你認為可以為你鋪路的人建立關係，但你後來才發現他們並非真正的決策者，或者，到了最後那一夜，他們已不再受聘於該公司。

在許多組織當中，尤其是像大型的法律事務所或會計事務所這類服務公司，經常上演這種戲碼。伯納德・高爾（Bernard Gore）目前受聘在紐西蘭警政署（New Zealand Police）擔任專案經理，在他工作的環境裏，每天都要上演權力鬥爭。高爾說：

「我一直都在大型法律事務所工作（合夥人超過百人），在這裏，每一位合夥人都相信自己有最後的決定權。每次接受指令時，大部分員工都是接受，而不挺身反抗。在某些情況下我的表現很好，我有膽子去挑戰。不過，雖然這樣做有利於實際完成工作，但這也代表你樹立了很多不容挑戰的敵人。因此，長期來說，這種方法無法奏效。」

就像高爾說的，在權力像是潰堤河水狂奔的組織內工作，非常有挑戰性。若你是一位律師，或者是經過認證或拿到執照的會計師，除了加入其中一家大型公司之外，你少有選擇；在這裏，你將擁有大量的機會精益求精，磨練你施展影響力的技能。

想在服務業的公司裏有所成就，你必須了解當中存在的權力動態。通常大型服務業公司是這樣運作的：人們因為具備電腦、營運、行政等等的專業而受聘，功能型部門的主管把這些人的時間，「賣給」組織內各個專案總監。組織內各層級的員工應填妥工時表，這樣才能把他們的薪資分攤到每一個特定的專案上。若你擔任的正是其中一種支援角色，你將會發現，主管永遠都在決定哪個專案有權先用你。如果你是直接服務客戶的人，那你跟隨的主管就像是隨時在槍口求生一樣，無時無刻都要確定，只要你能呼吸就要能賺錢。現在，你應該比較能體認到這類組織的求生壓力。

當你在這類組織裏愈爬愈高時，你必須成為談判與透過衝突完成工作的專家。在服務業的大企業裏施展權力的人，全都是精於這些技能的人；一般來說，他們也都是刀槍不入、有金鐘罩保護身體的人。在選擇要進入這類公司開拓你的事業之前，請先自問以下的問題：

【職場鬥爭激烈時，必須自問的四個問題】

- 我喜歡在許多人都能控制我命運的組織裏工作嗎？
- 講到應付辦公室政治，我自認為是一個相當精於此道的人嗎？
- 我是那種必要時很果決、敢頂嘴的人嗎？
- 我覺得這種企業文化適合我嗎？

這類環境提供的工作，不適合動輒昏倒的軟弱一族。為什麼我知道？我曾經在一家服務型企業裏工作，但僅持續了約十四個月，而且，這已經比我在那家公司裏的很多同事待得更久了。但是，如果你是那種喜歡這類挑戰的人，無論如何，請全心投入；如果你成功，你將能擁有豐碩的財務報酬。

燙手山芋：如何避免在職場上吃大虧？

辦公室政治這種事，最大的問題就是前一天你還是層峰人士，第二天卻完全變成路人甲。在高度政治化的環境裏，就算是主管，這一點同樣成立。以下有三種方法可以讓你免於在職場中吃大虧：

【避免在職場中吃大虧的三個技巧】

1.選邊站時，要小心謹慎

讓大家都知道你是總監的左右手，這是一件好事；但是，僅限於這位總監被推進任人宰割的角落之前為止。你可以做你自己的人馬，藉此避開這種局面。要和主管之外的其他人建立深厚穩健的關係，最好能和那些在組織裏擁有高度影響力的人往來。要辦到這一點，最佳的方式之一，是自願加入跨部門的任務小組。這會為你帶來一個機會，讓你向直屬主管之外的其他人展現價值，也會幫助你建立你的個人品牌，讓組織裏每個人都知道你。

2.拒絕八卦

大部分的人都喜歡說閒話，樂見別人的人生在自己面前赤裸裸地被剝開；這可能足以解釋，為何近來電視的真人實境節目如此受歡迎。

我不知道你怎麼想，但是，我絕對不希望自己的私事成為職場裏的八卦。

想要避免這種事，最好的方法就是畫地自限，在職場裏少和他人分享與工作無關的資訊，就算你在餐廳裏撞見主管與妻子之外的女性同進同出，也要守口如瓶。你也不需要渲染小道消息，避免當你沒有看到別人做了什麼事時，還貿然針對別人的成果提出個人意見。

我還記得在某家公司任職時遭遇到的情況，在那裏，不只一個人爭奪某個高階管理職位。謠言滿天飛，據稱其中某位候選人和一位同事有深交。到最後，謠言中的主角搶到了職位。你認為，他會做的第一件事情是什麼？如果你猜他會先剷除他所知道「非我族類」的人，那你就猜對了。

雖然我們每一個人都會談政治和流言，但說到八卦，無人能承受；而且，你也不想成為頭條新聞。請把你的私生活和職場工作分開，這樣的話，你就不錯了。把自己的工作做好，與在你之上的人、你身邊的人與在你之下的人建立起穩健扎實的關係，那麼，你就毫無畏懼了。

3.不要相信聽說的每一件事

想像以下這幅場景：你以為和某位外地分公司的窗口關係良好；但是，另一位主管卻告訴你，他聽說該窗口的主管因為莫須有的錯誤，而到處責怪你。謠言說，對方正在爭取最近剛剛空出來的地區經理一職，而這個職位也正是你一直想要的。

停！在你採取進一步行動之前，請先問問自己以下這些問題：

「這個人是要告訴我究竟誰才可靠？或者他天生就愛說長道短？」

「確有其事的機率有多高？如果沒有證據就逕自去找對方主管，會不會破壞和窗口之間原本良好的關係？如果就因為這樁謠言而跑進主管辦公室大聲嚷嚷，他會怎麼樣看你這個人？」

事實是，總是有人把自己定位成下次升遷的不二人選。把焦點放在期待上面，在工作上有傑出表現就好，不要頻頻回頭確認後面沒有人拿著匕首捅你。別管謠言，除非你有確實證據，證明昔日的朋友已成今日的敵人。

在本章一開始時，我們討論了權力和政治的定義，而我們也要在這裏結束。很重要的是，要記住政治的重點，在於和其他人互動，並對他們施展影響力以順利完成工作。我們可以也應該運用權力來透過其他人把事情做好。當我們因為知道要和誰談，才能夠順利推動自己的理念，並讓人們許下承諾，當我們能夠清晰且以尊重的態度從事溝通，而且當我們能夠告訴別人，這些理念能為他們帶來哪些益處時，我們就知道自己成功了。信任我們的人，將會照我們說的去做，而這也就是一個人在多數組織裏，獲得權力並保有權力的方法。

辦公室政治發揮力量的三個層面

權力會影響組織中的資源配置、接班計畫以及架構。

——《組織中的權力》（*Power in Organizations*）作者傑佛瑞・菲佛

【權力在職場中影響的三個層面】

1.資源配置

資源通常都會被緊緊握住，在企業發展極富挑戰的階段時尤其如此。然而，沒有資源卻要能有效地完成工作非常困難，很多人根本覺得這是不可能的任務。請想一想，你自己有沒有能力在人員更少、資金更少、而且來自長官及同事的支援少之又少的情況下，完成業務及個人目標？也許，這樣你就懂，為何參與這場辦公室政治角力賽局最符合你的個人利益。

2.接班計畫

你可能已經觀察到，有些人總是能快速攀上企業的天梯。最可能的情況是，這些人就是在組織裏達成任務的人，而這一點就讓他們變得非常有價值。他們是那些獲得拔擢的人，再加上附帶而來的加薪和其他福利。你在組織裏爬得愈高，就能得到愈多這類獎酬。想一想選擇新任執行長的決策流程，以及此人新官上任之後發生了哪些事情。

3.組織架構

你可能會想，組織架構跟你身為主管的工作有什麼關係？關係可大了。組織的設計，通常就稱為架構。在比較大型或正式的組織裏，通常會用組織圖來說明整個架構。想一想，每個人在組織架構圖上的位置，你就會明白我說的意思。愈接近權力核心（執行長、總裁或老闆），就能得到更充分的資訊；他們也能擁有更多的正式權力，以及更豪華氣派的辦公室！

【重點整理】辦公室政治求生攻略

- 每個組織裏都會上演辦公室政治，不論你是在非營利機構、政府機關、私人企業或家族企業裏任職皆然。總是有某個地方正在上演某一回合的政治角力，可能是在董事會裏，或是後方的小辦公室裏。
- 政治不僅僅是操弄而已，而是如何有效運用權力，以激勵人和行動向前邁進。
- 作家兼管理專家傑佛瑞．菲佛，他定義權力是能透過人把事情做好的能力。遵循潛規則施展權力，將可讓你在整個組織裏機動調度，以獲得稀有資源，讓最重要的專案通過核可，並且能夠升遷，而這些將能提升你推動職涯發展向前邁進的能力。
- 身為一位新手主管，新官上任要做的前幾件事之一，就是密切觀察組織裏的工作**實際**上是如何完成的。這裏要談的，是要了解完成工作的**非正式**管道。你要敏銳觀察、仔細傾聽，並且盯著那些永遠都能得到想要的東西的那些人，看看他們如何和主管及其他層峰人士互動。
- 權力有兩種類型，一是職位權力，通常指的是你根據職位而獲得的正式權力。這類權力包括控制預算及實體設施，以及掌控資訊。二是個人權力，這是個人本身能影響他人的能力。個人權力的高低和一個人與同事之間建立起來的信賴度直接相關。
- 藉由花時間去評估其他參與者，採取行動之前再三思考，並從錯誤中學習，你將能避免在政治角力賽中被「將軍」出局。

- 有時候，你認為掌控大局的人並非真正做決策的人。你必須及早發現這件事，才能和真正有權力拍板定案的人建立關係。
- 你不要向明天可能就離開的人靠攏，一定要和八卦一刀兩斷；而且，當你要根據從流言中聽來的資訊行事之前，千萬要考量所有因素，這樣一來就能避免在職場上莫名奇妙被擺一道。

多數主管說他們希望有反駁抗爭的人，但是，在現實中我認為這句話未必成立。他們確實喜歡偶爾出現反對意見，但是，要做決策已經很困難了，如果有人老是反駁爭論，會讓他們的日子更難過。

遇到有人大力推銷，想強渡關山時，你必須決定哪一場才是值得奮戰的戰役。如果事情很重要，而且對公司大有影響，那就抗爭。如果是辦公室供應咖啡的時間，究竟是到早上十點，還是十點十五分為止，那可能不值得爭論。

仔細挑選戰役，選錯戰役會讓你丟掉飯碗。

——理查．莫倫（Richard Moran），曼羅學院（Menlo College）校長

第三章

如何反駁抗爭，必要時又該如何放下

向上管理

主管永遠是對的。嗯，不見得。主管都很忙，有數不清的工作要處理，他們沒有時間進行複核，也沒辦法對所有送到他們辦公桌上的任務檢視每一個面向，因此主管總有出錯的時候。此時此刻，你可能需要告知主管某個假設或某項決定出錯了。

你何時做與怎麼做這種事，將會決定你未來的命運。但很多時候，保持沉默也不是好選項，如果什麼都不說會有損他人的時候，更是如此。就以富國銀行（Wells Fargo）最近出的大事為例，員工在對方不知情的情況下，替不疑有他的客戶開了帳戶。雖然你面對的決策，不大有機會涉及幾十億美元的詐騙，但還是有可能。為了幫助你判斷怎麼做才對，讓我們來檢視其中的利害關係。

關於「什麼都說好的人」的常見迷思

我們必須破解一些和「什麼都說好的人」有關的迷思，例如以下三項。

1.主管喜歡永遠都說好的員工

嗯，不，這可不大對。永遠都說好的員工無法增添太多價值。想像一下，如果去問你公司裏某位員工（前提是此人剛好符合公司設定的目標客戶人口統計資料），她覺得引進某種新產品能否在市場上獲得好評？就算她心裏想的其實是：「我和我的朋友才不會買這玩意兒。」她也會熱情地告訴你：「會！」

你很難說服我，這種「會」的答案，遠比讓你的主管停下腳步認真考慮的誠實反應要來得好（尤其是這種誠實回答很可能省下幾百萬、甚至幾十億元）。我認識的大多數主管都喜歡身邊的人為他們著想，而且有勇氣把自己心裏的話說出來。

2.「什麼都說好的人」升遷的速度比較快

如果你發現你所屬的組織正是這樣，那麼你必須自問，你是想把剩下的人生花在和主管的應聲蟲相處，還是你情願在比較富有挑戰的環境下工作，在鼓勵與獎賞表達歧見和新構想的地方奮鬥。

根據我自己的經驗，我相信，如果你提出坦誠的觀點，即便想法不受歡迎，你會獲得主管（和同事）更多的尊重，勝過你僅因為預期別人期待你贊同而贊同。當你說出真心話，也是在讓對方看見你有原創性的想法。至於公司裏的升遷，反應敏捷、有能力做出困難決策的人，通常勝過只為求融入而什麼都說好的人。

3.大家喜歡順勢而為的人

我不知道你怎麼樣，但我受不了這種人。我喜歡有想法、而且能說出自己意見的人，這些是有中心思想的人。整體來說，和「什麼都說好的人」相處起來沒什麼樂趣，他們只適合喜歡主導每一種場合的人。

人生苦短，不可隨波逐流。有必要的話，要阻止潮流，或是對抗潮流。這樣的取向在企業界能幫助你，因為企業界需要的是推動組織向前邁進，沒有人會對於保持現狀感到滿意。如果你不抗爭辯證、嘗試新做法並面對失敗，你就無法向前邁進。

為什麼大家覺得在職場上抗爭反駁，是這麼困難的事？

如果你喜歡衝突，請舉手。我猜多數人都不會舉手。抗爭與衝突對很多人來說都是一大挑戰，原因如下。

1.憂慮

你會擔心，如果你挑戰別人的想法對方會不喜歡你，或者，更嚴重的情況是，如果你選擇挑戰主管，他會開除你。夠了！你不能老是杞人憂天，擔心著不會發生的事。反之，你要退一步，評估你的憂慮有沒有道理。很有可能，你只是被自己強烈（但不實）的想像力所左右。

來看看以下的情境。首先，假設你的主管交付一項專案給你，並詳細指示他希望你如何進行。你開始執行任務，很快就發現你可以用一半的時間達成相同的成果。你回報主管。主管會因為你拒絕他的指示並做出更好的成果交給他而生氣嗎？他會開除你嗎？當然不會！

現在讓我們假設有一位同事和你分享他的想法，並徵求你的意見。你思考一番，針對某些你認為不正確的假設辯證。這會是你和同事最後一次交談嗎？他會因此不再邀請你共進午餐嗎？不會。最可能的情況是，一切如常。

下次如果有人說了什麼，但你不認同，請站穩立場。請確認每一次只要有必要你就會這麼做，長期下來，你就會發現這麼做再自然也不過了。

2. 自尊低落

我輔導過幾百位主管，我發現很多人都有自尊的問題。他們太在乎別人的看法，有時候，他們表現得好像別人手上拿了把槍，只要他們做了什麼觸怒了對方，就會挨子彈。當然，你第一次讀到這段話時，可能會想：「這也太荒謬了！」但如果你多想一想，你可能會發現，這段話有點說到你的痛處了。放輕鬆，沒有人把槍口對準你。

自尊和自我價值有關，重點在於你要真心相信自己擅長現在的工作，而且目前的職位是你該得的，在於你每天使用的語言及行動舉止，在於你要憑藉實力運作、而不是靠著營造讓人害怕的憂慮（如我上一段所寫）。

對成功來說，自尊是很重要的特質。畢竟，如果連你都不相信自己，別人為何要相信你？下一次，當你感受到缺乏自信變成絆腳石，阻礙你去做你知道需要做的事時，請考慮改變你的內部與外部用詞。你不要想著：「如果我告訴他，我認為他錯了，他會開除我。」而改為：「如果我不對他說，他即將要失控，那就是我怠忽職守了。」

3.同儕壓力

某些組織的文化嚴禁爭辯拒絕。在這方面我要舉兩個範例，其一是目前已經歇業的安隆（Enron），這家公司採用違法的會計操作行之有年，最後終於有人決定要反抗並發出警示，由公司內部的人爆出真相；另外則是福斯汽車（Volkswagen），這家車廠坦承，有一千一百萬輛汽車配備的軟體在排放測試中造假。福斯汽車發生的問題，顯然不是一個人的傑作。很多人都知情，卻選擇繼續推波助瀾，而不是擋回去。

我不想騙你，告訴你在一個缺乏道德倫理的地方，大聲點出他人普遍接受的不當行為是很輕鬆的事，並不是如此。說到底，當你照鏡子時，你必須要能喜歡你看到的那個人。

如何在你想拒絕時不再說「好」

所有人都會記得自己曾在真正想要拒絕的時候，卻對主管應聲「好」。我曾在一家商用不動產公司擔任人力資源總監，我接下了一項主管交付的任務，但那和我的職責無關。他要我去我們其中一處購物中心，幫忙主持辣醬烹飪比賽，我覺得我無法拒絕，因此我說「好」。從事後觀點來看，我並沒有準備好參加這場後來變成一件大事的活動。

你可能聽人說過德州什麼都大，這場烹飪比賽也一樣。幾個月來，我和我的同仁一起，把晚上和周末的時間都花在準備這場烹飪大會，務必確認我們有最棒的食譜，辦出最成功的比賽。這場烹飪比賽很成功，但是代價不可謂不高。我忽略了我的同仁在工作以外還有私人生活，就因為我無法說不，害得我的團隊要承受不當的壓力。如果我必須再來一次，我會想辦法在這一天有所貢獻，但不要全身投入。以下有幾個常見範例，面對這些情境時，你可能會像我一樣覺得必須說好，但你可以有別的答案。

1.當你沒有時間或能力接下更多任務時

假設你的主管指派更多工作給你，但你已經沒有餘裕了。當你已經為了其他工作忙得不可開交，「我沒有時間。」聽起來是很坦率的回答，但這句話可能會讓你的主管質疑你到底有沒有多工的能耐，以及到底能不能妥善執行他之前交辦給你的任務。

比較好的回答是：「我需要你幫我訂下工作的優先順序。」並做好準備說明你目前手邊的工作項目，還要附上每一項工作的預估完成時間，以及你為了接下他的新工作必須先擱置哪些別的項目。

這種方法最大的優點是你不用拒絕，你也不用為了讓主管滿意而同意接下你無法完成的工作，在此同時，你也提醒了主管他之前指派多少工作給你，並讓他選擇那些任務應該具有優先性，最後他可能會決定把新專案交給比你有時間的同事。

2.當你不認同主管指定的方法時

如果你知道會撞上死巷，你不會遵循別人給你的駕駛指示，對吧？有時候，你的主管會叫你去做一些你明明知道不會有好結果的事。你會很想回他：「你在跟我開玩笑吧？我才不會用這種態度對待這位客戶。」不過，且容我提出另一種比較不傷人的回答方式：「如果你許可的話，我想提另外一個意見。」

你的主管大有可能說好，那你就有機會提出建議供他考慮。而且因為他同意聽你說話，因此他很可能抱持開放態度，改變他的心意，或是至少會折衷妥協。

如果他說：「不，我們就要這樣做。」那你有兩個選擇，你可以去做主管要求你做的事，或者如果這麼做會傷到別人，你可以說：「我很擔心這一點。」然後告訴他你的理由。但願你的主管大致說來願意傾聽建議，如果不然，你就要考慮長期來說，此人對你而言是否是適當的主管。

3.當你相信主管正要犯下代價高昂的大錯

主管跟你一樣，很可能同時也要負責好幾件事。如果你發現你的主管正在踏出錯誤的一大步，隨著專案接近完成就會顯現出來，那該怎麼辦？你可以說：「我不要做這件事，因為你正要犯下一個代價非常高昂的錯誤。」但這麼說會在主管心中留給不好的印象，讓他覺得你是在挑戰主管的智慧。

有個比較好的方法可以讓主管注意到這件事、但又不至於弄得警鈴大作，你可以說：「你也知道，我一直在檢視我們打算購買的這部機器相關數據，我在想不知道有沒有遺漏什麼。我們要不要先討論一下，之後再繼續進行？」他很可能回問你，你認為什麼事情有疏漏。

如果他決定一意孤行，不聽你的顧慮，請務必你在行事曆上標註你曾在某個時間點試圖警告他，以免到時候情勢發展對他不利，很可能也會波及到你身上。

4. 當你有理由拒絕主管的要求時

假設你正在針對簡報做最後的琢磨，之後要去向一位新客戶報告。忽然間有人發現印表機沒墨水了。你的主管環顧四周，最後指派你去辦公用品店史泰博（Staples）買墨水回來。你不想跑腿，因為要你停下手邊的工作跑去買墨水，會干擾你的創意思緒。但如果你只是說：「不要，我不想去。」你將會變成不懂得團隊合作的人。

如果你真的相信停下來做別的事，會對你的專案成果造成負面影響，請考慮這樣說：「或許可以請別人去史泰博，讓我用這段時間做一點最後變更，把我們都同意加進去的重點納入客戶文宣當中。」

當然，如果你只是氣主管總是差遣你跑腿，但遵從指示實際上對你的專案沒有影響，那麼把事情做完，可能是比較明智的選擇。之後，你可以判斷值不值得向主管提出這個問題，以便在未來更公平分配這些雜事勤務。

顯示你反抗無用，應該放下的信號

有時候我們對某個想法感到萬分雀躍，並未發現已經出現某些警示信號指出我們正在把主管逼到牆角。以下要提出幾個代表你可能「太過分了」的信號，以及一些讓你把自己拉回來的建議。

1. 主管看來發怒了

多數時候你的主管歡迎大家針對進行中的專案提出討論，但今天卻不怎麼熱中。你覺得有必要指出，他要求你執行的新品牌經營策略中有漏洞，他以冷漠的態度對待你提出的意見，他不斷歎氣，代表忽然之間你已經從很有用變成討人厭。你的主管心意已決，期待你去執行他的計畫。有一天，你會成為做決策的人，但不是今天。現在就閉嘴，按照主管要求去做就對了。

2. 主管拒絕針對同一主題再進行任何討論

你仍然不認為主管正帶領團隊朝正確的方向邁進，你開始表達你的疑慮，但是討論到一半時，他斷然地說：「謝謝你。」然後就走出去了。你開始跟上他的腳步，但他的肢體語言顯示他已經結束對話了。在辦公室裏追著他跑、努力想要延續對話，弊多於利。請在茶水間趕快向左轉，免得讓他注意到你在跟蹤他。

3.主管的血壓飆高（你的也是）

當你和主管的對話正熱烈時，你注意到他脖子上出現紅色的斑點。當他第三次表達他無意再討論這個話題時，他的聲音飆高，顯然他是認真的，此時此刻你該放棄了。請閉嘴離開現場，千萬不要說出任何會讓你後悔的話。

4.你發現你的立場錯了

慘了！你忽然發現自己犯了錯。當然，你但願自己上個星期就得到這番結論，不要等到你逼著主管多去思考你的想法，而你現在相信這個想法根本沒用。請回去找主管，讓他知道，你進一步思考之後同意他的決定，然後問他需要你幫什麼忙以協助推動相關進展。

5.最終決策已定

有的時候更上面的主管下指令給你的主管，然後預期看到結果。刪減人力的決定，就是這類範例。你的主管可能不完全認同這個決定，但他知道自己需要去做上面交代的事。他告訴你這個決定來自組織高層，並要求你準備好刪減人力的清單。這不是你可以反對的時機，回座位上去，列出你的清單。

如何守穩立場，並確定這不會是你的最後一次

領導需要堅守立場的勇氣，也需要智慧了解何時、何地該這麼做，以確保你這不是你最後一次堅守立場。以下列出一些人們在反抗時常犯的錯，以及如何避免這些錯誤。

1. 挑選正確的戰役

有一次，我的主管來找我商量他對於員工福利的新想法，我不太相信他的構想能收效。之後他告訴我，他是從一位備受信賴的顧問那裏聽來的想法。當我聽到「備受信賴的顧問」這幾個字時，我馬上知道他期待我去落實這個概念，而且馬上去做，不要再討論了。說到底，這項建議的源頭可是他非常信任的人。

很多時候你都不認同你的主管，很多時候你也不會贏（不管你多能說服別人）。請慎選戰役，因為你的彈藥裝備有限。你不會想一次彈盡援絕，把所有的子彈放在日後看來一點都

不重要的事情上。

2. 慎選時機

我見過許多主管因為員工選擇不當的時機反駁爭辯，而在我面前勃然大怒。舉例來說，如果整間會議室都是主管的盟友，你仍然試圖挑戰主管的假設，或是在客戶面前再三和主管辯駁，那就是很糟糕的時機點。

讓主管尷尬絕對不是好主意。要和主管進一步爭論、直接正面交鋒之前，務必對於環境狀況有所警覺，並且確認你即將說出口的話，能讓每一個距離近到可以聽到的人聽到。我也建議你要想一想，你的主管是不是在私人層面有什麼事。舉例來說，如果他對你說他的配偶提出離婚，你要和他談的工作相關問題，可以再等個一兩天。

3. 請記住：地點、地點、地點

偶爾我會感到很訝異，因為看到員工居然挑選絕對不適當的場合迎戰主管，像是洗手間、坐滿其他成員的會議室，以及在客戶眾目睽睽之下的賣場發生爭執。

不要犯下這種業餘的錯誤。你表達立場沒錯，但沒有什麼事情重要到你不能等到找個私密空間再開口。

4.以正確的語調搭配正確的訊息

你在口語溝通中使用的語調，會影響對方對於訊息的解讀。你要對主管說的話可能非常正確，但是如果你選用的音調不當，對不對就不重要了。比方說，主管很少欣賞諷刺挖苦的語調，或是尖銳刺耳的音調。

電子郵件溝通更麻煩，很多人都會迷失在各自表述當中。當你用電子郵件反駁主管的意見時，先寫下電子郵件，然後放在一邊，多檢查幾次，然後再按下傳送鍵。

【重點整理】

- 很多時候你的主管會出錯，這表示這些時候你需要告訴主管，某項假設或某個決定不正確。但是，身為領導者需要有勇氣在必要時，堅守立場並反駁你的建議。
- 很多和「什麼都說好的人」有關的假設都不正確，必須破除。主管不會去找「什麼都說好的人」商量，因為這種人能夠增添的價值極低。他們也不喜歡隨波逐流的人。主管欣賞心裏有想法，而且願意站出來挑戰現況的人，重點是要改進客戶的處境。
- 人們會因為幾個原因而不願意反駁，他們擔心別人的看法、缺乏自尊與同儕壓力等，都是阻礙人們說出真心話的因素。你該克服阻礙你的理由，以利推進你的事業發展。
- 說「好」比說「不」容易，如果你繼續什麼都答應，你的人生就會充滿你其實並不想做的事。練習拒絕別人，一旦你學到其中的訣竅，將能重新掌控自己的人生。
- 有時候我們會對某個想法太過投入，以至於無法感受到某些信號，指出我們正在把主管逼到牆角。像是血壓升高、滿臉惱怒的主管、拒絕和你針對相關主題進一步討論的主管，都是代表你在爭辯質疑之後應該放手的信號。
- 領導者需要有勇氣堅守立場，也需要有智慧知道何時與何地該這麼做，以確定這不會是你最後一次堅守立場。務必確認你有慎選戰役，注意時機，並在私底下攻防，以確保你不會讓主管感到尷尬。

如果你管理的是年輕人，那就容易得多。只因為你年歲漸長，你就知道你自己在做什麼，這是一般人都接受的想法。了解這一點，你就會懂，要年輕人去管理年紀較長的人比較難，因為這些年輕主管必須向年長員工證明自己辦得到。

各位年長員工，讓年輕主管喘口氣，好嗎？領袖特質就是領袖特質，無關年紀。讓年輕主管親自證明，他們的能力到哪裏。幫助他們學習，放他們一馬，好嗎？身為年長員工的你，有很多可以貢獻之處，請伸出手拉他們一把，幫助他們。

身為年長員工的你，有責任教會你的主管。當你成就你的年輕主管時，你也就成功了。當你的主管失敗時，也就是你的失敗。如果對方驕傲自負，不管他幾歲，請你另謀高就，因為，在這裏做什麼都沒有用了。

——法蘭克・蓋達拉（Frank Guidara），烏諾芝加哥燒烤（UNO Chicago Grill）前任執行長

第四章

向上管理

救命喔！我的主管都可以當我的孩子了

——管理年輕主管的策略

長江後浪推前浪，這是真的，年輕人已經接管了各大辦公室。當資深員工開始延後退休時間，這幅場景將會成為定律，而非憑空想像而已。

最近一份美國退休人士協會（AARP）的調查發現，在五十至七十五歲的受雇員工當中，有近百分之七十計畫，到他們被認定應該退休年齡時，仍會繼續工作。這表示，有愈來愈多的工作者必須向比他們小好幾十歲的主管報告。

事實上，根據美國家庭與工作協會（Families and Work Institute）在二〇〇二年所做的一份研究指出，在五十八歲以及年紀更長的員工當中，有百分之七十一面對的是年紀比自己小得多的主管。

就算是我們當中最出色的人，也會發生這種事。很可能，有一天當你醒來時，發現自己居然已經變成辦公室裏資深員工的一員了；或者，你可能是再度回到職場，赫然發現和你同時代的人已經都不再掌權了。

不管是哪一種，你是否能妥善管理目前情況，將會直接衝擊你的工作滿意度，以及你在組織中成功的能力。因此，花時間學習如何管理這類「年輕主管、年長員工」的關係，是一件非常值得的事情。如果能拿到協助你穿越這片新領域的指南，將可以協助你避免重蹈覆轍（長江後浪推前浪，前浪死在沙灘上）。如果你願意做些調整，你面對的情況不一定要成為可怕的大災難。

年長員工們，請給年輕主管一個機會

你知道嗎？有幾位舉世聞名的童書作家，從未生兒育女，他們沒有為人父母的經歷，這一點並不妨礙他們寫出引起孩童共鳴的童書。像是蘇斯博士（Dr. Seuss）、露易莎・梅・阿科特（Louisa May Alcott）、瑪格麗特・外斯（Margaret Wise）等人。這就像你的年輕主管，可能少了幾年的管理經驗，但這並不表示不會名垂青史，成為你遇過最棒的主管之一。

全美連鎖餐廳烏諾芝加哥燒烤的前任執行長法蘭克・蓋達拉，他相信良好的關係就是良好的關係，和彼此的年齡無關。他的公司會聘用領袖特質強烈的人才，並提供訓練，協助主管陪養出穩健扎實的領導技能。他鼓勵和年輕主管共事的老員工讓主管喘口氣。

星門企業溝通公司（Stargates Business Communications）是一家位在紐澤西州菲爾朗市（Fair Lawn）的文案公司，為廣告、行銷與公關公司提供支援，公司負責人卡琳・史塔蓋絲（Caryn Starr-Gates）就完全根據蓋達拉的建議行事。五十二歲的史塔蓋絲，她之前在產業界工作，之後跳入整合公關服務的世界，和一位三十二歲的主管共事，而這位主管也正好是這家代理商的老闆。史塔蓋絲是在一次網聚活動中遇見她的主管，她很快就看出來他對公司的願景和她一致。她義無反顧跳槽，從此之後再也不回頭看。

史塔蓋絲相信，他們之間能夠建立有效的關係的關鍵，是因為他們都是「寓工作於玩樂」的人。史塔蓋絲說：「我們就只是沒把對方當成對手而已。」她沒有假設她的主管青澀年輕、毫無管理經驗，反而接受這位年輕主管「實際上可能懂得比她還多」的事實。她將自己定位成公司內「提供諮詢的智者之聲」；她對於任何發現自己處於和她類似情況的人，這也是她建議採用的策略。

依據外表來做判斷很輕鬆，我們每天都這麼做。但是，我們的假設出錯的頻率有多高？以下提供四個概念，讓年長部屬藉此了解年輕主管：

【年長部屬了解年輕主管的四個方法】

1. 多聽少說

如果你大部分時候都在說話，就很難去了解對方。花點時間觀察這個人的所作所為，先聽聽他怎麼說，然後再建構你對他的看法也不遲。畢竟，這也是你希望主管對你的態度，對吧？

2. 非正式的會面

工作的壓力讓人喘不過氣，尤其是和正努力建立功績的年輕主管一起工作。你會看到，當對方面臨壓力時的行為，會和你在比較非正式場合中觀察到的大異其趣。有一個好方法可以讓你更了解主管，那就是約定非正式會面的時間。

可以問問你的主管，願不願意和你在公司外面喝杯咖啡？或到附近的餐廳裏一起共進午餐？讓你們兩人都能不受公事的打擾。利用這段時間來了解你的主管。問一些具體的問題，讓你能了解主管真正重視的事情。比方說。他喜歡頻繁的溝通？還是比較希望收到每周工作進度的書面報告？他想知道所有的背景資料？還是只想聽取你最後的建議？當你提出這類問題時，要注意你的語氣。你最不想做的，就是變成一位調查員，替談話型節目做一集內容！

3.善用網路

你可以確定，你的主管早已經以你的名字為關鍵字，在網站上搜尋過了；那麼，你為何不投桃報李一番呢？這是一條很棒的管道，可以讓你更清楚看到他的學歷，以及在其他專業經驗。在搜尋時，盡量忽略任何你在某些網站上，找到與工作毫不相關的照片或資訊，比方說，社群網站臉書（Facebook），你可以期待主管也對你做了同樣的事。

4.要求主管提供回饋

年輕的主管可能會覺得，為較有經驗的員工提供回饋意見是件很難的事；因此，你可能會發現自己處在讓人很不安的處境，因為你不知道以績效來看你的表現如何。這表示，你可能要變成主動開啟這類對話的那個人。

一開始，先要求主管針對你的表現給你具體的回饋意見。問問他，就特定專案來說，你是否達成他的期待，以及你還能做哪些事來調整你的目標，以求更切合他的目標。請他指出他認為你表現出色的領域，以及你可能尚待加強的方面。在那些主管確實比你更懂的地方，讓他指導你！

找出中間地帶，發現雙方交集

當出於不同背景的人必須在一起工作時，會有衝突可說是理所當然的事情。你要預期會出現衝突，並且在事情爆發之前先妥善管理。有些衝突可以是好的衝突，會刺激我們思考他人的觀點，那是我們自己沒有想過的。而且，這樣的省思有助於我們得以創新，找到做事的新方法。但是，太多的衝突並無建設性，對組織和對你的事業發展而言都是如此，這也就是為什麼找出中間地帶這件事這麼重要。

德斯姆集團溝通總監卡琳．史塔蓋絲看到同事（年長員工）犯下的最大錯誤之一，就是在科技議題上太過強硬地捍衛自己原有的習慣。雖然，史塔蓋絲仍想念她的手動打字機，但她知道，從那個時代算起，企業界已經走了好長的一段路了。史塔蓋絲說：

「把科技當成戰場，是一大錯誤。科技讓你不自在，或者，你直說你對科技感到不自在，我想那都沒有關係。但是，不需要把熟悉科技變成一個問題。放輕鬆去學習，想辦法接近數位科技，不要把情況變成我們對抗年輕主管的局面。而且，絕對不要說：『我們以前都不用這麼做……』。」

比方說，假設你是嬰兒潮世代的人（生於一九四六年至一九六四年之間），而你的主管則屬於X世代（生於一九六五年至一九八一年之間）。你剛剛收到消息，你的部門下個月將要進行一次大規模的軟體轉換。你的年輕主管覺得，這不是什麼大不了的事情，因為，她只要把使用者手冊擺在眼前，就能學會新的軟體程式。而你就像大多數嬰兒潮世代的人一樣，必須要有人親自帶領你實機操作練習。

如果你只是對主管這樣說，最可能的情況是沒有太多成效，不大可能改善你要面對的處境。但是，如果你提供幾個選項給年輕主管參考，你可能就能得到你需要的。以下這段簡單的說詞可供你參考，或可用來處理這樣的問題：

「安，我知道即將出現變化，我們團隊裏的所有人也都準備好面對改變了。但是，團隊中有些人需要更多的支援，這是使用者手冊無法提供的，其中也包括我自己在內。

我在想，不知道你是否能考慮舉辦一些實機操作的訓練課程？我的意思是說，針對我們需要這類支援的人，請人在轉換軟體之前，先替我們上一堂課？或者，不知妳是否願意在上班前或下班後，替我們上幾次簡短的課程？這樣一來，我們保證這次一定可以順利度過，而且，之後妳也能空出時間，處理更重要的收購案。」

這種做法可以讓你及你的主管在中間地帶有了交集。說穿了，你們雙方都希望這次的專案能成功。結合這一切，你是在調整自身的差異，以達成雙方都認同的目標，而不是在告訴你的主管她的年紀太輕，根本不了解不是每個人都能用同樣的方法學新事物。有誰會不尊重這樣的要求呢？

認同差異，向前邁進

讓我們面對事實吧！你和你的年輕主管可能成長於兩個截然不同的世界裏，但這並不表示你們無法和平共處。有些差異源自於年齡，而有些則是和出生年月日並無直接關聯的管理風格所致。

奧勒岡州美景市（Fairview, Oregon）的律師歐林・恩肯（Orrin R. Onken），當他五十歲時，為一位比他小二十歲的主管效命，他深信，承認這些差異是非常重要的事。當我要求他進一步詳細說明時，恩肯說：

「你要承認，因為這些存在於你價值系統中的差異，雙方可能不會達成一致的觀點。但是，我們可以因為差異而從彼此身上受益，而不要讓對方難過。」

在恩肯撰寫的一篇名為〈面對年輕主管的職場生存術〉（*Surviving the Younger Boss*）專文中，他提到他非常清楚自己這位三十歲年輕主管的想法；因為，在他的人生中，他也曾有過相同的價值觀。恩肯如此描述他的主管：

「他精力充沛、野心勃勃、積極進取，而且求知若渴。他接受指示要達成具體、立即的目標，他沒有注重太多細節，也沒有預留檢驗自我的空間，很難進行深刻的沉思冥想。他私下認為，變成工作狂是一種讓人欽羡的特質；從品質來說，他覺得他這一代人的經驗，比前幾代人更有活力。」

恩肯接下來說，其實他並不認同這些想法，但是，他能夠完全理解；因為，年輕時他也曾抱持過這些價值觀。

承認差異，同時開啟讓雙方之間可以找到交集的討論之道，是值得遵循的建議，就算你面對的不是這類問題，也同樣適用。這絕對勝過圍繞著不會自動消失的問題打轉，卻不直接面對的做法。

我的字典裏沒有「說教」

和你同世代的人一起走入記憶的長廊，可能很有意思；但是，對於那些來不及參與過往歲月的人來說，面對那些經常緬懷往事的人，可能是鳥事一件。

你還記得童年時，每當爸爸說他小時候要在雪地裏走上將近十公里的路才能到學校時的感覺嗎？嗯，當你不斷地提醒年輕主管，過去的生活如何又如何時，對方的感覺正是如此。

各位年長員工們，請把以下這些類似說教的詞句從你的字典裏刪除：

「我們那時候……」「我當主管時……」「這種做法，以前我們就試過了……」「我們從不曾這樣做過……」等，以及任何其他聽起來好像在說「這樣的路，我也曾走過」的說教用語。

不在其位，不謀其政（事），千萬別忘了，在這段旅程裏，你是乘客，再也不是駕駛，專心當個乘客就好。

從當今學習資源的課程選項來看，已經沒有任何藉口，可以做為無法追上科技變遷的說詞了。年長員工們，麻煩去線上課程註冊、去社區大學上課，或是，收買你十歲大的孩子，請他在周末時當你的家教，專程為你上幾堂課。你一定要有所行動！

做個稱職的員工，而不是囉嗦的父母

面對年輕主管，就算你的主管看起來年輕到足以當你的孩子，但是，人們經常忘記一件事，那就是他並不是你的孩子。

各位年長員工們，請抗拒你想成為年輕主管父母的衝動。我的意思是說，請你不要用「嗯，親愛的孩子」或「根據我的經驗」這種談話頭開啟話題。

這些話可能會讓你的年輕主管覺得，自己正在接受父母的諄諄教誨，或是遭到某個自以為比主管更懂的部屬教訓。

當他請教你的意見時，請簡明扼要回答，之後請耐心等待，一直到你看見主管想要多聽一點的信號出現時，再進一步提供詳細內容。

當你與年輕主管互動的過程中，悄悄顯露「父母」的姿態時，「行動勝於雄辯」這句老話就特別有說服力。

我曾經有過第一手的親身經驗（而且，我這個經驗確實和「手」有關）。

當我開始擔任主管時，有一位祕書（沒錯，古早時代主管總是配有祕書），當這位女士覺得挫折時，她會用手指著我，就好像她在罵自家小孩一樣。我想，這並不完全是她的錯，因為她剛好有一個年紀和我一般大的孩子。

但是，我痛恨被人當成小孩的感覺，尤其是對方根本不是我媽，卻自以為是我媽。這個手勢確實考驗我們一起工作的能耐。

多年後，我們把這件事拿來開玩笑，而她甚至還沒發現自己當時居然這樣做！

請將你的指頭手槍好好收進皮套裏，而且，拜託你放好，別再拿出來了。你最不想做的，就是在陳述自己的意見時，不小心在主管面前搖起手指。

至於與工作無關的私生活領域，就算年輕主管問你的看法時，你也應該盡量避免提供任何建議。當然，可能你的女兒和準女婿之間的姻緣就是靠你牽線，但是，那是你的家務事。如果做媒是你的天職，那麼，現在也許該去一個可以讓你投入紅娘工作的地方應徵。切記，這裏是職場，好嗎？

拉近溝通差異

明白不同世代彼此間會有溝通差異，是拉近鴻溝的第一步。當你要和來自不同時代的主管共事時，這一點特別重要。要讓你們之間能建立起有用的關係，你必須了解主管的溝通風格，並據此改變自己的方式。比方說，身為嬰兒潮世代，你可能比較喜歡用電話交談或面對面溝通，而多數的X世代都慣用電子郵件。如果你的主管屬於千禧世代（生於一九八〇年之後），你可能得去上一堂「收發簡訊速成課」。以下這個故事，描述一位嬰兒潮世代工作者改變自我，以能和孩子溝通，藉此說明，為何應該要改變的人是你，而非對方。

最近當我從加州飛回來時，我旁邊坐了一位女士，她看起來顯然屬於嬰兒潮世代。當飛機降落時，她把手機拿出來，開始傳簡訊。她打字的速度讓我十分佩服，因此我客氣地問她，是不是正在傳簡訊。她說：「正是。」我對她說，我十分佩服她，因為我當時還在學如何在我的手機裏加入聯絡人。她告訴我，很早以前她就發現一件事，如果她想要和孩子溝通，她就必須學會如何用他們的方式進行。

我永遠不會忘記這次對話，因為，我也從中學到任何一堂管理課程不會教我的事情。**那就是有時候，你自己才是那個必須改變的人。**

因此，請在心中謹記，你的目標是要有效地和主管溝通，而不是變成他的爸媽。

採取行動、追求勝利

讓我們打開天窗說亮話吧！面對一個經驗和知識都比你更豐富的人，有哪個人不會覺得備受威脅？你的年輕主管可能要看很多集的《誰是接班人》（*The Apprentice*），才會明白，居然有隊友隨時等著隊長出錯，好讓他們自己可以迅速拿下職缺。這樣的安排對電視節目來說很有張力，然而，虛擬世界有時卻很接近現實生活。

如果你屬於X世代或是年紀更大一點，你可能還記得一部影集叫《艾莉的異想世界》（*Ally McBea*）。如果你太年輕而根本不記得這部影集，就讓我簡述一下內容：

卡莉絲塔・佛洛克哈特（Calista Flockhart）飾演二十多歲的律師女主角艾莉・麥比爾，到今天，美國企業界還是看得到艾莉留下的影響力，比方說，年輕女性在工作職場裏穿的裙子至少因此短了兩吋，因為她們競相模仿艾莉的裝扮。因為這部影集，全美各地的女性都穿著讓人賞心悅目的服裝；但是，穿成這樣要能舒舒服服地坐下來而不穿幫，實在是一大挑戰！

我們對於職場的想法，有一大部分都會因為在電視節目中所見所聞而影響。但是，電視不會教你，如何緩解在和年輕主管建立關係時，可能產生的緊張氣氛。這是因為，雖然你自認在辦公室裏遭遇的問題，彷彿就是一場真人實境秀，但實際上這件事並沒有太多戲劇成分。

【面對年輕主管，年長部屬能做的五件事】

1. 恩肯認為，你的年輕主管對目前的情況可能和你一樣緊張。他的建議是，你要及早融入並尋求意見。恩肯說：「每個人都會歡迎這種做法。」而這也能清楚說明**你知道誰是老大，深知主導大局的人是誰**。恩肯說：「恐懼會衍生防禦態度，而且會讓人笨手笨腳。」藉由消除威脅，你會把和年輕主管建立關係這件事變得輕鬆一些。

2. **如果你並不覬覦這位年輕主管的位置，就誠實對他說**。採取這樣的做法，會讓你的主管將你視為盟友，而非另一位奪權者。
3. **如果你有意往上爬，請尋求年輕主管的協助**。請你的主管一起彙整一套職涯發展計畫，幫助你過渡到下一個階段。以他自身的利益做為訴求，進而打動他。提醒你的主管，如果組織裏有別人可以接下他的職務，那公司更可能會拔擢他。
4. 如果你的年輕主管看起來很讚，你也會看起來很棒。共事的重點，在於要**同時考量雙方的利益**。當你尋找和主管的相處之道時，請記住這一點。
5. 至於升遷這一點，嗯，如果經過努力之後，你發現要和年輕主管達到心意相通，是一條艱辛而漫長的路，那麼，也許你現在就應該**另覓他途**。比方說，盡你一切所能，想辦法讓你的主管獲得提拔，如果你的運氣好一點，你可能會和取代他位置的人輕鬆相處。

幽默感很好用

千萬別低估幽默感在職場中的力量。恩肯說，在他和年輕主管共事的歲月裏，幽默感幫助他度過許多難熬的局面，而且，幽默感也在他們的關係中留下了持久不退的影響效果。恩肯為這位年輕主管效命多年，而到目前為止對方仍視他為朋友。

史塔蓋絲以幽默化解職場裏可能造成壓力的情況，她把早年自己在職場的工作情形，當成笑話說出來和年輕主管及同仁分享。

那時候，電腦剛剛進入職場。史塔蓋絲大聲說：「那些機器可是占住整間辦公室啊！」她的年輕主管與同事很欣賞她願意分享自身職場經驗這件事；因為，發生這些事時，這些年輕人甚至都還沒出生！

長江後浪推前浪，前浪未必死在沙灘上，年長員工不妨學習史塔蓋絲的幽默感，以及保持年輕的心態，因為這讓她得以在職場中持續發光發亮。畢竟，在這個產業裏，只要你年過四十，就是大家眼中的歐巴桑或歐吉桑。

準備待命或另謀出路

我們無法挑選家庭，也無法挑選主管。如果你希望彼此之間的關係是正面的，或者你希望因為你的知識與貢獻而受人重視，那麼，從第一天開始，你就必須非常清楚地表明，你很樂於成為年輕主管團隊中的一員，你會盡你所能協助他順利度過這段過渡期，而且，你承擔的使命就是要讓這位年輕主管交出成果、有所成就。如果以上這些不成立，那麼，你不是拒絕這份工作，就是要開始找下一份工作。如果你在接下來五年，都坐在辦公桌旁悶著頭焦躁不安（如果你沒有遭到組織拋棄），你只不過是在傷害自己而已。

如果你只能從這一章中學到一件事，那麼，請記住，年長部屬管理年輕主管的重點，在於管理你自己的態度。在你有生之年，你會看到眾多主管來來去去，唯一不變的是你自己。善用本章提供的祕訣心法，你將可擁有能力，創造出屬於自己的成功之路。

最後我要說的是，當然也有差勁主管這一類老掉牙的問題，然而，這件事卻跟年齡是兩回事！要把問題歸咎在我們眼睛看得見的因素上，是很容易的事。當我們和主管之間合不來時，我們可能會自動地歸咎於幾個因素，比方說，年齡。但是，有時候問題在於主管就是主管而已；有時候，則是你遇到了一個不該坐上主管職位的人，這些都和年齡無關。在第五章，我們會繼續討論這個問題。

【重點整理】當年長部屬遇見年輕主管

- 在你職涯發展的某個時點上，你可能會發現自己必須為年輕到足以當你孩子的主管效命。你是否能妥善管理這種情況，將會直接衝擊你的工作滿意度，以及你在組織中成功的能力。因此，花時間學習如何管理這類關係，非常值得。
- 在你做出判斷之前，給年輕主管一個證明自己的機會。在多數情況下，主管之所以被拔擢到領導職位，是因為他們已經證明自己具備領導特質。
- 當不同背景的人必須在一起工作時，會有衝突可說是自然而然的事。你要預期衝突會出現，並且在事情爆發之前先妥善管理。
- 承認差異存在，並做好準備，以求雙方能有交集。
- 如果你希望主管在為人處世表現得像個主管的樣子，而不是像你的小孩一樣，那麼，你就要做個稱職的員工，而不是做他的父母。
- 幫助你的年輕主管，讓他覺得自在。尋求建議，讓他知道你認同主導大局的人是他。如果你無心覬覦主管的職位，直接告訴他，讓他將你視為盟友，而非奪權者。如果你想要因為工作而獲得升遷，請尋求他的協助。
- 成就你的主管。如果他成功，你就成功了。
- 出色的領導技能和年紀無關，請抱持開放的心胸，接受對方可能是你這輩子遇過最棒的主管，只是年紀比你小，如此而已。

在職涯早期，我曾受聘來取代另一位獲得升遷者。她必須先把我訓練好，之後才能走馬上任；她擔任新職，同時也要負責監督我的工作。她告訴我必須按照她的方法做事，不能有一絲一毫偏差，就算新方法做出來的成果很棒也一樣。我花了一段時間，才了解她可能害怕有人能完全取代她。

當時的她正在苦苦掙扎，不知道該如何經營她的新領域。她是那種不喜歡改變的人。而她也一直用「瑪莎的訓練還不夠」來畫地自限，但是，其實我早就準備好了。

不要把你的精力，浪費在煩惱「為什麼主管那麼討人厭？」這件事情上。在多數情況下，他們都不是故意的。相反地，你要透過主管的眼睛來看這件事。主管用這種方法跟你說話，或者是用那種態度要求你，是為了要滿足哪些需求？通常，他都不是為了折磨你才這樣做的。找個時間，私底下和他談談，讓他知道受到這種對待的感覺如何。如果真正注意到這個問題，多數人都會以正面的態度來回應。

除非情形非常極端，你的價值觀告訴你，這裏不是你能待的地方；否則，你必須先傾聽自己的內在聲音，看看你能否和此人共事，之後再來找一找你必須要做哪些事。

——人力資源專家瑪莎．拉克瑞絲（Martha S. LaCroix），人力資源專家，項恩公司（Shane Co）人力資源長

第五章

向上管理

對付差勁的主管

——到處都有這種人

你是否曾經幻想過要替主管買一張飛往荒島的單程機票，就像電視影集《我要活下去》（*Survivor*）場景一般的地點？如果有的話，你也不是唯一的一個。就我個人所知，不曾為差勁主管效命的人，實在少之又少。就算是大型企業，也不時會由差勁的人出任其總裁。

最近，商業菁英網（BNET.com）的史蒂芬・涂巴克（Steve Tobak）專訪了賀森家庭娛樂（Herschend Family Entertainment）執行長約爾・曼畢（Joel Manby）；這家公司是一家私人持股、價值三億美元的企業，總共有一萬名員工，並在全美擁有二十四座主題公園。曼畢分享他對在充滿威脅恫嚇環境下工作的想法，以及當他在美國紳寶汽車（Saab USA）擔任總裁兼執行長時，經歷過的一次改變人生的時刻。

曼畢說：「我不想攻擊前東家，但是，這種（威脅恫嚇）氣氛正是其企業文化的一部分。你會在會議中遭人調侃嘲笑，多位執行長都是自負傲慢的人，他們輕輕鬆鬆就能讓你看起來像個蠢蛋。」

他說了一個小故事。

那一次，他應紳寶總公司總裁的召喚前往歐洲。周日早晨他接獲一通來電，當天他就坐上飛往歐洲的班機了。抵達目的地時，他被狠狠念了四個小時，之後又搭上飛機回家。他回想起當時的感受，覺得無比屈辱。他宣稱：「也就在這時，我開始去尋找其他機會。」

很可能，你到最後也會決定現在這個環境不宜久留。但是，如果你同樣也是遇見一位差勁的主管，在此同時，你必須學著如何去應付他，才不至於到最後，也把他可怕恐怖的氣息帶給你的員工及家庭。

差勁主管的六種類型

差勁主管也有不同的類別，我要列出一些最常見的種類，並附帶提供管理這類情況的祕訣。

1.優柔寡斷的主管

「往左。喔！不，往右。」這類主管會叫你去做一件事，然後質疑你「在搞什麼鬼」，為何要朝他們叫你走的方向走去。他們是瘋了嗎？對。但是，利用以下這幾種做法，你可以把發生這種狀況的次數降到最低。

我發現，在面對這類主管時，最好的方法是，在你動手去做之前，再三確認他們要求你做的事。你的確認方式可能聽起來如下：

「好，道格，如果我的理解沒錯的話，你是希望我研究一下把客服中心搬移到緬因州波特蘭市（Portland, Maine）這個案子，對吧？你希望我提出建議放在你辦公桌上，還要附上佐證文件，而且要在四月一日前完成，這樣對嗎？」

在這段對話之後，你要用一份簡短的備忘錄確認他要求你做的事，並讓主管知道你會立刻開始著手進行。你最不想見的，是在遷移客服中心之後，赫然發現你的主管想像中的地點竟然是奧勒岡州波特蘭市（Portland, Oregon）。這種確認的做法，可以強化認定雙方之間的合意，而且能盡量減少這類主管常有的優柔寡斷。

2. 控制狂的主管

「我要緊緊地管住你。」饒了我吧！這些「大海也歸我管」的主管，他們希望你相信一件事，那就是他們之所以採取大小事一把抓的微型管理，是因為他們自認自己是完美主義者。但是，在多數情況下，背後的事實都是他們缺乏信任。想一想，當你自己也無所不管的時候，最可能發生這種事的時機，是你不相信其他人也能把工作做好，做到像你一樣好。

你必須密切管理這類無所不管型的主管；如果你細想的話，會發現這其實很諷刺。這裏的重點概念想法在於建立信任。你要持續地言出必行，藉此培養信任。

如果你效命的主管正是這一類控制狂，那麼，我建議你要做以下這件事：想一想，以你主管的最佳利益來說，為何要讓你更獨立行事。最可能的答案，是這樣做可以讓他擁有更多時間，專心投入其他任務；或者他會擁有能和家人或朋友共度的閒暇時光。一旦你確立了這一點，你就可以提出要求，爭取更多的自主空間。你提的建議可能聽起來像這樣：「我在想，不知道你能否考慮，由我針對我們合作的這個專案提供每周進度更新，而不要每天追蹤目前發生的狀況。新的做法可以讓你有更多時間帶入新業務，你也可以準時回家和新婚妻子共進晚餐。若有任何事妨礙我們趕上時程，我保證一定會讓你知道，而且是在我們的每周會議之前。這樣好不好？」

很好，現在，拿出你的行事曆，為你的每周會議騰出時間。

3.偏心的主管

如果你曾經在這類主管手下任職，或者你現在的主管顯然對某人有所偏愛，你就會明白這種情況有多讓人覺得沮喪受挫。看起來，不管你的工作再怎麼出色，主管手下的大紅人總是表現得更好。問題就在這裏，你必須停止在主管的王國裏，把自己和他人比較，因為，你不大可能因為這樣做，就成為主管的寵兒。就像我的明師艾倫．懷斯所言：「如果你想被愛，去養條狗吧！」

要讓別人認同你的貢獻，最佳之道就是持續拿出好成果。你也必須吹響你手上的號角，讓大家都聽到你的聲音；我們會在向上管理第六章〈自吹自擂：讓你的聲音穿透辦公室裏所有的小隔間〉再詳談這一點。

如果你這麼做，隨著時間過去，你將能獲得應得的認同。但是，如果偏心一直都是問題，在你做出如換個工作這等大動作之前，你可能會想和主管談一談你觀察到的事情。畢竟，如果你打算因為這個問題而離職，反正你也沒什麼好損失的，不是嗎？

請想一下，你的主管可能沒有意識到他一直偏袒某人，因此可能會稱許你讓他注意到這個問題。當你展開對話時，請鎖定你觀察到的事實，並且要自制，不要提到別人對這個問題的意見，因為這麼一來，很可能強化他的防禦心。如果主管仍不為所動，那麼，你有兩個選擇：和這個問題共存，或者，你可以另謀他職，找一個主管公平對待每一個人的地方。

4.帶著歧視的主管

我很希望能對你說，這種事再也不會發生了；但是，我個人仍一直在經歷這種事，而且，我也從別人身上聽到，這種事仍然在職場裏不斷出現。處在這類處境中時，你最初的反應很可能是無法置信，接下來你會否認，大部分的人還會覺得很憤怒。

當我在一家財務顧問公司任職時，我記得我的同事注意到，我受到的待遇和他們不同。他們不只一次問我，我覺不覺得這件事，和我的宗教信仰與公司百分之九十五的同事不同有關，而其中也包括我的主管。我完全不理會他們的說法，把他們當成瘋子。回想起來，當時我雖然極力否認，但事，實情很有可能確實如此。

當然，有很多禁止職場歧視的法律規定，捍衛許多受保護類別，其中也包括宗教差異。而我下定決心，不要利用這些法律保障捍衛自己，因為我寧可把精力放在尋找另一個重視多樣化的職場。你面對的處境可能和我不同，還有，法律途徑絕對是終止歧視的管道之一，但是，就算你打贏了歧視訴訟，你還是得自問，你真的想要為這種帶著歧視對待員工的組織賣命嗎？

年齡歧視是現今相當熱門的話題，資深員工必須努力奮戰，才能避免遭到組織消滅。年齡歧視的確存在，對，這是我說的。如果有任何人告訴你沒有這種事，那麼，他需要去配一副新眼鏡了。但你可以用很多方法盡量減少歧視的問題，以下列出其中三個技巧：

【資深員工避免年齡歧視的三個技巧】

1.從山頂洞人進化為數位新移民

科技正在改變做事的方式。如果你不知道何謂推特（tweet），或者你的文書處理軟體是WordPerfect，那表示你有很多東西要學。請去註冊線上課程（你知道這是什麼東西，對吧？），或是請一名大學生帶你進入社群媒體的世界。多去參加研討會和工作小組，讓自己不斷學習。

2.丟掉你身上過氣的時尚

說實話，人們常常會因為我提這件事情而生氣。第一印象很重要，你就承認吧。有些人的外套有著厚厚的墊肩，卻不知道一群年輕同事在背後嘲笑他老氣橫秋。如果換做是你，當你看到第一次某人的外表，和職場裏其他人的穿衣風格完全不搭時，你也會做出如此的判斷。**親愛的年長員工，穿著打扮不一定要很時尚，但是至少不要看起來像個大齡人士。**女士們，請妳去找設計師弄個新髮型，把任何有墊肩的衣服全都丟掉。男士們，請你投資幾套商務休閒風格，而且上面沒有「達克斯」（Dockers）（按：美國著名的休閒男裝品牌，經典產品為卡其褲）標籤的衣飾，這樣做一定能為你帶來好處。花一點錢，買幾條新領帶，為你需要打領帶的場合預做準備，這也不失為一個好主意。

3.多聽少說

光是聽年輕人在聊些什麼，你就能從中學到許多最新的趨勢。我還記得，我曾走進一位曾在廣告公司任職的潛在客戶辦公室，我馬上對會議室裏掛著的強納司兄弟（Jonas Brothers）（按：美國著名的男子樂團，曾在迪士尼頻道演出）海報品頭論足一番。他很驚訝我居然知道他們是何方神聖。我微笑，回家後感謝當時八歲的女兒；她一天到晚都在看迪士尼頻道！

5.大聲嚷嚷的主管

大聲嚷嚷的主管有兩類，第一類是會大聲叫你的人，就算你的辦公室就在他隔壁也一樣。更糟的一種，是會透過中間人大聲發號施令的主管，落磯山假期租賃（Rocky Mountain Vacation Rentals）現任公關總監珍妮絲・布蘭登（Janyce Brandon）可以作證：

「我曾有一位主管，他叫我的直屬經理告訴我要去做某個專案，但我的辦公室距離他還不到十公尺遠，我根本就能直接聽到他說話。有一次，他甚至直接從樓上大吼，指示我的經理，而我的辦公室正好就在樓梯口。為了避免這種事，我開始在他休息時去找他，向他說明他交代的專案，而他也學著直接和我對話，而不再用他之前常用的被動式戰術。」

另一類大聲嚷嚷的主管，是那種會對著員工大吼大叫的主管，而且通常都在其他員工面前這麼做。你必須正面迎戰此人；當然，如果你沉醉於受虐，那又另當別論。

就像我對接受我輔導的客戶所說的，沒有人活該處於受虐的關係當中，而這種大吼大叫絕對是一種虐待。我並不是建議你要吼回去，因為這麼做只會讓彼此的音量愈來愈大。相反地，我要建議你讓對方知道，如果他再用言語對你施暴，你絕對不會再忍受。私底下你要告訴這位施暴者，如果他好好講，而不是對你大吼大叫，你比較能聽到他要說什麼。

之後，你要做好準備，當下一次他又在別人面前凌辱你，你要走開；要這麼做，是因為這是一種很難破除的習慣。

6. 工作狂的主管

這種主管相信，他沒有自己的人生，因此每一個人也不應該有。他希望你晚上工作、周末工作，還有，在某些時候，放假時也要工作。要應付工作狂的主管，最好的方法是事前管理他的期待。當你開始動手做某項工作時，準時上班並準時下班。晚上及周末時把你的手機關機，不要讓主管習慣在下班之後還能找得到你。請抵抗你自己周末時想要回覆主管電子郵件的企圖，要不然的話，這又會演變成新慣例。

如果你已經處在這類情境當中，我建議你慢慢拉回，先從減少你的「在家工作」時間開始。之後，你要努力把離開辦公室的時間提早。為自己安排一些辦公室以外的人生，這樣的話，你就有理由在正常的下班時間走人。

謹慎選擇武器：在差勁主管魔掌下四個求生策略

在你的職涯發展歷程中，總有幾次你無法直接走進主管辦公室，然後瀟灑走人，因為你還有經濟上的問題，或是必須承擔家庭責任。你要選擇哪些武器來應付這類糟糕主管，取決於你的忍耐力、你的轉職能力，以及就業市場一般市況。以下四個策略協助過我撐過最混亂的時刻，也幫助過一些我認識的人：

1.低調行事，閃過雷達

你是否曾經注意過，那些獨善其身的孩子通常都能避免在學校裏成為箭靶？同樣的道理在職場中也成立。如果你把頭低下來，專心做你的工作（不管周遭發生什麼事），你也許能在這位主管手下倖存，撐到你找到另一份新工作，或主管獲得提拔（或被炒魷魚）為止。

2.忽略

有時候，最好的作為就是不作為。我發現，當員工拒絕認同霸凌型的主管時，這類主管就會把目標移轉到其他人身上。

3.祈禱

藉助祈禱和冥想幫你走過這類處境，並無任何不當之處。當我和其中一位最糟糕的主管共事時，我經常在下班後的夜晚花很多時間冥想。到最後，我決定我比較喜歡把晚上的時間花在莎莎舞（Salsa）課上。而也就在此時，我決定也該去找一份新工作，讓冥想變成選項之一，而非幫助我度日的必要條件。

4.正面迎戰

如果你碰到差勁的主管或是會霸凌他人的成人，那麼，你的最佳做法可能是直接迎戰此人。你必須為了自己以及受你管理人員的權利挺身而出。如果做不到這一點，將會更強化這個怪獸的力量，更難擋開這個人。

如果一切策略都無效，該如何是好？

講到和差勁的主管共事，主管只有兩種選擇：處理問題或瀟灑離去。有些人可能覺得自己還有第三種選擇：身處在「汙染區」裏七上八下。

你會發現，「汙染區」裏的人會不斷悲嘆、抱怨讓他們受苦受難的事，故事主角通常是主管。如果你進入汙染區，基本上，你就不可能把你對主管的感受當成個人私密。這表示，你很快地就會汙染那些要向你報告的部屬。也因此，及早決定你是要繼續面對這個情況，還是要讓自己從中抽離，是非常重要的事。

如果你檢視過本章提供的諸多建議，覺得沒有一項適合你，那麼，你就知道你該怎麼做了。在你辭職之前，請一定讀第八章〈代表時間到的七大信號：知道何時該離開〉，確定你了解要離開時，必須要求哪些事情。

如何避免步上差勁主管的後塵？

你覺得，為什麼會有這麼多差勁的主管？最可能的原因，是因為我們都是從自己看見的事情當中學習。羅蘭顧問公司（Rowland Consulting）的羅瑞．羅蘭（Rory Rowland）為了撰寫新書《最棒的主管》（暫譯，原書名*My Best Boss Ever*），而訪談了近兩百人，發現在和他訪談過的人當中，只有三分之一曾經遇過好主管，多數人將主管評為表現平平或差勁。請好好想一想，你賣命的對象，居然是一個混蛋！你看到的是他的一切，而不只是他如何對待員工。他每天開著高級房車上班，還能把他的愛車停在專屬停車場，而你必須每天擠公車上班。

你根據所見所聞推斷，並得出結論，認定若要像你的主管一般成功，你必須像他一樣行事。而這樣的循環也因此永無休止；我是說，這個循環會持續下去，一直到你運氣夠好，能在一位傑出的主管手下工作為止；這位主管證明了要成為一位受人尊重、崇敬，同時也有成就的主管，是有可能的。

要走到同樣的目的地有很多不同的路，但是，到頭來，你還是必須保有自尊與自我。就算今日的商業環境已經很成熟，我們還是會看到，虐人型主管的管理風格很折磨人，但是（或者，正因為如此），許多這類人在組織裏志得意滿。當新一代接下公司的領導權，職場中的價值觀和信念將會隨之移轉，粗暴的管理風格可能無法再創造出同樣的成果。

讀到本書的讀者，大部分都是剛剛才踏入管理階層的人，你們有機會掀起一場管理革命，打造出一個不適合差勁主管的職場環境，全靠你們了。就像任何革命一樣，改變必須由你們自身做起。

從差勁主管身上學到的教訓：如何做到不要這樣管理？

我們多數人都曾經體驗（或即將體驗），為一個我們眼中的差勁主管效命是什麼感覺。以下是一些實際發生的事例，還有從中學到的教訓。

1. 凡妮莎・傑克森（Vanessa Jackson）是矩陣人力資源解決方案公司（Matrix Human Resource Solutions）的負責人，她曾經在一位喜歡在同事面前貶低員工的主管手下做事。她把以下這個故事說給我聽：「我必須針對一群中階經理（像我自己這樣的層級）做一場簡報，那時我把我們公司稽核的姓名念錯了。我的主管在我同事面前嘲弄我念錯了，並對我說，如果我無法把名字念對，那我根本就不需要把這個名字念出來（意指就算我已經準備好簡報內容，我也不用再做下去了）。」凡妮莎從這次的經驗中學到兩件事：任何人在壓力之下難免舌頭打結，還有，「**公開讚揚，批評指教則要在只有當事人和自己在場的私下場合中進行**」。

2. 以自我為中心的主管，很容易在員工心中留下不可磨滅的印象，但都是不好的那種。有一位主管在績效評估時的表現正好可以做為實例，他說：「你超越了每一個目標，但是我不會發分紅給你，因為這樣做會影響到我的分紅。」感謝盧默克事務所／明智人力資源顧問公司（LMK Associates/Sensible Human Resources Consulting）總裁琳達．康斯塔（Linda Konsta）盛情提供這則小故事。

3. 請在心中謹記，你是否有能力帶領你的團隊達成目標，會直接影響你的成功（以及分紅）。如果你所作所為大部分都是為了自己，而不是為了幫助你的員工成功，要辨到這一點就算不是不可能，也會是非常困難的事。

4. 訓練解決方案公司（Training Solutions）的老闆哈麗葉．柯恩（Harriett Cohen），在其他公司任職，向執行長及營運長報告兩年之後，返回她自己的顧問公司。柯恩替我列出了一長串的清單，告訴我她在那家公司期間觀察到的不當管理作為。其中有一項特別引起我的注意：「當我剛剛上任時，我的主管問我她能否給我一些回饋意見，然後，她嚴厲斥責我：『你到底在想什麼？我知道你根本沒有在想。』幾次之後，我學乖了，我說謝了，不用給我回饋。」柯恩補充說：「我現在身處在一個很棒的地方，而她仍在折磨其他人。」

【重點整理】管理差勁的主管

- 差勁的主管有很多不同的類型，有些比較容易應付，有些則否。為了讓你不至於時常胃痛，你必須決定你是要因應這個處境，還是要抽離。你的去留決定，將會決定你的行動方針。
- 在職場，優柔寡斷絕對不是高度受人重視的特質。如果你剛好遇到有這種毛病的主管，你必須調整你管理此人的方式。一定要釐清主管交代的事，並用書面備忘錄進行後續追蹤，以確保你們雙方達成合意。
- 微型管理並非完美主義，而是代表了缺乏信任。管理這類主管的最好方法，就是建立信任。你要做到這一點，要言出必行，並替你的主管找出理由，為何給你更多的自主空間符合他的最佳利益。
- 職場裏確實存在著歧視。如果你遭遇歧視，你要判斷出你的最佳行動方針；在許多狀況下，盡量最好不要把律師拉進來。
- 你可以用許多策略來幫助你應付差勁的主管，同時找出你的下一步。這些策略包括行事低調以閃避轟炸、忽視這個問題、祈禱與冥想，以及正面迎擊。
- 若一切都無效時，你還有一個選擇，就是帶著你的考量去找組織中更高階的人；當然，如果這位差勁主管就代表組織的話，那就算了。

• 你是下一代的主管，你有力量開啟一場管理革命，並能創造出一個不再容忍差勁主管的職場。

我是加拿大人，也是女人。「自吹自擂」這個概念讓我覺得很不自在。過去我認為，只要我持續不斷表現得非常、非常出色，大家就會看到我。女性對於自我推銷這個概念特別惶恐。如果別人沒有注意到你，你會很訝異，並自問：「他們怎麼會沒有注意到我？」

我早期的事業生涯在一家相對大型的企業裏任職，所有高階主管的薪資都是公開的。我是其中一位高階主管，他們都是我的同僚，然而，和某些人相比，我的薪資只有一半。我這才發現我把管理自身薪資的責任交由公司承擔。就在那一刻，我明白我必須把控制權掌握在自己手中。我去找我的主管並對他說：「這樣不行。請解釋清楚。你必須改正這個問題。」他照辦了。

請把自己想成你的自家產品，你要負責自我推銷，你有責任讓別人看到你，獲得你值得的薪酬。

勇往直前面對必須解決的問題，是脫穎而出的好方法。這便是領導者要做的事，他們注重的是成果，而不是活動。

——克莉斯蒂・瓦特（Christy Wyatt），迪特斯系統（Dtex Systems）執行長

第六章

向上管理

自吹自擂

——讓你的聲音穿透辦公室裏所有的小隔間

在現今職場，爭取注意力的戰況激烈，要脫穎而出、受到矚目，幾乎是一件不可能的任務。那麼，身為一位新手主管，若你希望整個辦公室都能聽到你，你能做什麼？你必須忘記過去父母諄諄告誡你「不可誇耀」的教誨！把音量放大，弄出足夠的聲響，讓組織裏的每一個人都知道你是誰，都了解你達成了哪些目標。你不希望自我推銷、自吹自擂惹人厭，但組織裏的人必須知道你的價值，而除非你告訴他們，不然他們不會知道。

在企業生命不斷變遷（併購、裁員、歇業）的前提下，你必須善於讓除了直屬主管之外的其他人，也知道你的成就，因為，你無法保證直屬主管明天還會不會在這裏。這項任務在今日尤其艱難，因為高階主管頻頻受到手機簡訊、電子郵件以及語音留言的轟炸，還要再加上排得滿滿的會議，讓他們少有時間能放在你身上。也因此，你必須提出一個好理由，讓他們停下來，注意聽、留神看你想表達的事情。我們會先討論為何要讓你鶴立雞群，不僅需要出色的績效而已，接下來再詳述你要如何讓自己脫穎而出。

為何你無法光靠績效爬上顛峰？

從二〇〇二年製播到二〇一六年的熱門節目《美國偶像》（*American Idol*）是一個絕佳範例，可用來說明為何光靠表現無法讓你爬上高峰。在這個節目裏，歌手必須站在諸位評審以及現場觀眾面前表演，競相成為下一位巨星。這場競賽很有意思的一點，是亞軍或前十強中的晉級者，在比賽結束之後，通常都能擁有更成功的事業，遠勝於贏得冠軍頭銜的人。我相信，這有一大部分是取決於參賽者是否在賽季結束之後，依然能夠善用個人品牌。

這裏有一個範例。你猜，下面哪一位是《美國偶像》第三季的冠軍？

1. 約翰・史蒂文斯（John Stevens）
2. 芳塔西亞・芭瑞諾（Fantasia Barrino）
3. 珍妮佛・哈德森（Jennifer Hudson）
4. 潔絲敏・翠兒絲（Jasmine Trias）

正確答案取決於你如何定義「冠軍」。雖然芳塔西亞・芭瑞諾是《美國偶像》的官方冠軍，但許多人會主張真正的贏家其實是珍妮佛・哈德森；她贏得一座奧斯卡金像獎可茲證明。如果你聽過珍妮佛・哈德森演唱，你就會知道這個世界一定會聽到她的聲音。

現在，想一想你所認識曾經有過傑出成就、但卻未能達到其專業生涯頂峰的同事或其他人。在此同時，你可能也有了一張清單，列出許多表現平平甚至績效糟糕、卻能無視自身條件獲得晉升的人。這些人已經累積出一群死忠擁護者，而我可以保證，他們若沒有敲鑼打鼓弄出聲音，是不可能有這種局面的。

協奏

你是否曾經注意過，聲音較小的樂器樂音在交響樂中會有回聲，即便在演奏已經結束時仍不絕於耳？當我聽到短笛溫柔地吹奏，成為背景音樂時，我的耳朵會為之一振；而我常常會自動調整忽略音量較大的樂器，比方說大喇叭。

就像丹·包林（Dan Bowling）點出的，想要讓人注意，有時候最好的方法是安安靜靜坐在後面，但讓你身邊的人站上中心舞臺。當然，身為一位主管，你必須保證你能指揮協調營造出這樣的行動，讓你的部屬擁有一個可以散發光芒的舞臺。讓直屬部屬讓人聽到並獲得讚賞，是身為主管的你吹響號角最有效方法之一。如果你持續不斷地這樣做，其他人有會開始注意到，你領導的人似乎總是能齊心協力。大家會將你視為一位強而有力的領導者，可以激勵部屬漂亮演出，也能夠迅速改變團隊的調性。

破解常見的自我推銷迷思

你愈早從以下六個自我推銷迷思中破繭而出，就愈快能引人注目：

迷思一：你的工作成果就能證明一切

如果只需要出色的工作成果就能讓你受人注目的話，為什麼有這麼多的偉大藝術家，要在死後才能為人所知？你的成果就只是作品而已，除非有人注意到，否則什麼都不是。如果你希望還在世時就成名，那你就必須主動引人注意。我們會在本章中討論如何去做。

迷思二：你不用自吹自擂，因為別人會替你做這件事

我認識很多人，仍在等待某人讚揚他們幾個月前完成的工作；有時候，甚至是幾年前的成果。我懷疑，他們在碼頭上苦苦等候的船，永遠不會有靠岸一天。你必須主導你自己的公關宣傳活動。《吹噓！展現自己而不搞砸的藝術》（暫譯，原書名 *Brag! The Art of Tooting Your Own Horn Without Blowing It*）一書作者佩姬・克勞絲（Peggy Klaus）寫道：

「沒有人會像你一樣真心考量你的利益，沒有人會像你能做到的一樣，到處宣傳你的事蹟，讓其他人對你深感興趣。此外，當你的直屬主管以正面的態度和別人談及你的成就，十之八九都是因為其中牽涉到他們自己的利益。不幸的是，這一類稱讚通常都是用來替他們自己臉上貼金，程度遠遠超過於你。」

我對克勞絲的話感到心有戚戚焉。一直以來，我都是自己替自己宣傳，從來不曾仰賴其

他人代替我做這件事。我可能無法把每一個字說到盡善盡美，但是，當我傳達訊息時，絕對能修正再修正。

迷思三：只有在績效考核時才適合稱讚自己

許多人都只有在績效考評時，才彙整自己達成的成果。原因可能是，因為這一整年似乎都沒有什麼值得一提的卓越事蹟。這裏的關鍵字是似乎，因為實際上的情況很可能是你達成一個又一個目標，正不斷大步向前邁進。可惜的是，明白這件事的，只有你一人（或者再加上一位你的摯愛）。

切記，多數的裁員都不會剛好發生在績效考核時；如果主管所知你的最後一件豐功偉業，發生在九個月之前，在你有機會提報成就之前，你很可能就已經被開除了。一年到頭都要自我推銷，絕對是必要之事，這樣的話，才能保證你一整年都是「職場倖存者」之一。

迷思四：自誇這件事不符合淑女禮儀

受制於性別，女性相信自誇這件事不夠端莊。因此，多年來，當她們的男性同仁和任何願意傾聽的人，分享自身的成功故事時，女士總是默默退到一旁。到現在，女性必須像男性一樣面臨同樣程度的競爭，因此，必須按照同樣的規則競賽，而其中就包括要讓組織裏的人，了解妳對公司來說是多麼寶貴的資產。

迷思五：溫良恭儉讓，是寶貴的人格特質

孩提時代，我們學到溫良恭儉讓很重要。我們接受的教誨，是不要誇耀家中的財務狀況，或者避免因為在體育競賽中得到獎盃或獎牌而沾沾自喜。孩提時代或許沒有關係，但是，等你長大成人後，這種特質能帶你向前邁進嗎？在多數情況下，答案是否定的。為什麼？那是因為，當你秉持溫良恭儉讓的人生原則時，別人正在到處敲鑼打鼓宣揚自己最近的成就。接著，可以想像你從畫面逐漸淡出、成為背景，而他們踏上舞臺，成為聚光燈焦點。

迷思六：如果你自誇，大家就會不喜歡你

我最近和一位同事從紐約一起同車回家，在這趟長達三個半小時的車程中，我了解很多關於她的事，讓我比一起上路之前更加喜歡她。她在職涯中完成了許多成就，但之前從未和我或是她的潛在客戶分享過這些事。她承擔了風險，嘗試我們當中少有人有勇氣嘗試去做的事；而且，她也用許多有趣的小故事佐證。如果她沒有在這次開車回家的路上吹響號角，我可能永遠也不會發掘到她個性中的這個面向。

想一想，那些你從不曾與他人分享的成就。如果你讓他們看到你保留多年的部分，其他

人會怎麼看你？他們會不會認為你是一位願意承擔風險的人？他們會不會更敬重你？你可不可能因此成為海外任務的熱門人選？想一想，你光是讓大家知道你為何如此獨特，將會因此開啟多少機會。

差勁的自誇與出色的自誇（兩者天差地別）

在《韋氏辭典》（*Merriam-Webster*）裏，誇耀（brag）這個動詞的定義是：「浮誇地說。」然而，我們真的想要擁抱接受這種行為嗎？

《吹噓！展現自己而不搞砸的藝術》作者佩姬・克勞森接受美國管理學會夏麗・李芙蘭（Shari Lifland）訪談時，這位受訪者高明地把差勁的自誇和出色的自誇區分開來。克勞絲說：

「如果我們像吹牛大王一樣浮誇行事，客戶和同事一定會瘋狂地奪門而出。這種行為就是差勁的自誇。出色的自誇完全大異其趣，這種自誇是帶著熱情和歡欣，來訴說一個有趣且讓人愉悅的故事，突顯幾項關於你自身讓人容易記住的資訊。」

【職場中自賣自誇常見的三大錯誤】

1. 時機不對

當你的同事遭到調職，前往大家心目中最乏人問津的地點履新時，千萬不要誇耀你剛剛接下的海外派任美差。你不知道以後的事會怎樣，以也許這個人有一天會變成你的直屬上司，或者他會選擇報復你。

2.對優先順序不夠敏感

要等到你的主管放輕鬆時才開始自誇，這樣你才能獲得他完全的注意力。若你在主管花掉一個周末完成一個大型專案之後，向他更新你最新的狀態，這是一大錯誤；他全部的心思可能都放在要回家好好睡一覺，但你卻堅持要利用這段時間吹捧你的績效；你覺得這樣的場面最後的結果如何？我猜一定不怎麼樣。

3.太多瑣碎小事，太少重點大事

不要鉅細靡遺告訴主管你做的**每一件事**；把你的自誇留給真正豐碩的成果。如果你給的資訊過多，你的主管最後將會選擇聽而不聞，他會找理由把這段對話丟出他的記憶。

做一個能引起他人興趣的人

我常聽到人們說，要他們自我推薦絕對沒有問題，但前提是他們要有值得推薦之處。我們多數人都有很多能拿來誇耀的事，但我們需要一點協助，把這些東西放在我們心上。

你可以問問自己以下七個問題，讓你朝向正確的方向思考。請參考本章最後的「自誇度問卷」，那裏列出了更多問題，有助於刺激你自我推銷。

【自我推銷前，必須自問的七個問題】

1. 在你的人生中，你做過哪三件事讓你感到驕傲無比？（提示：你是否曾經遨遊四海？你有沒有擔任過志工？你是否自食其力完成高等教育？你有沒有申請過專利？你有沒有比多數同事更早就達到職涯發展的里程碑？你有沒有讓別人的生活大為不同？）
2. 有哪些是你已經達成、但是還沒有和他人分享過的成就？
3. 若要你證明你對組織有何價值，你會提出哪三件和你自己有關的事？你的同事們會把哪三件事歸功於你？
4. 過去你曾經做過（或是你目前正在做）哪些足以顯現才華的專案？
5. 你在職場上及職場外得過哪些獎項？
6. 你有哪些抱負？（提示：你是不是想去念研究所？你是不是想要加入當地的劇團？你是不是想要學習一種外語？）
7. 你認為自己最強大的資產是什麼？你要如何繼續精進你的技能？

自吹自擂，讓別人注意到你的成就

你已經比較了解為何精於你特有的策略型自誇技巧，最符合你自身的最佳利益，而且你也已經花時間判定你的獨特價值賣點是什麼，現在就讓我們來談一談，六招能讓你的成果受人注目的技巧：

【自我推銷又不惹人厭的六個技巧】

1. 說故事

每個人都愛聽故事，尤其是好聽的故事。想一想，你要如何把你想要自誇的重點編入故事當中。比方說，當我完成我的企管碩士學位時，我把工作辭了，一整年獨自一人環遊世界。這一路上，我得到一些非常奇妙的經歷。在這裏，我就運用了我特有的策略型自誇技巧，以不浮誇的方式告訴你我人生中的三件大事。現在，你知道我擁有一個企管碩士學位、我曾經環遊世界親身經歷過許多不同的文化，還有，我是一個承擔風險的人。但是，我的呈現方式非常有趣，遠遠超過我只是列出三項成就的做法。

當我去應徵一個多樣化色彩濃厚組織中的人力資源管理總監職務時，我就說了這個故事。那位人事經理（他後來變成了我的主管）對於我很輕鬆就能和不同國籍的人交往，感到十分佩服，而這很可能是因為我曾在旅程中，在他們的國家裏停留了一段時間。他也認為我是一個樂於承擔風險且真正積極能幹的人；那家公司非常重視這些特質。

2. 帶著信心傳達訊息

自誇的重點和傳達息息相關。你有沒有注意到，有些人在談到自己時會把頭垂得低低的，或者他們的說話聲音忽然之間小到幾乎聽不到？當你在推銷自己時，信念和信心非常重要。畢竟，如果連你都不相信自己說的話，你又憑什麼認為別人會相信？

這需要一點練習；幸運的是，現在錄影很方便，請別人在你說故事時幫你錄影。之後，你要看一看你的聲音表達如何？你的樣子是否很可靠？當你說到故事中最值得誇耀的部分時，你有沒有保持與觀眾眼神接觸？請持續練習，一直到你的傳達方式能夠切合你故事中的傑出之處為止。

3. 編製一張光榮時刻的總清單

你很難記住自己做到的每一項成就，隨著你年歲漸長，有更多項目加入這張清單中時尤其如此。也因此，我建議你要在電腦裏放一張清單。利用這種方式，在你需要時，你可以很輕鬆就想起你自己的故事。

比方說，假設你要開車去參加一場大型研討會，同行的有你的直屬主管以及你部門的副總。你希望告訴副總哪些她還不知道、和你自己有關的資訊？有沒有什麼話題，可以讓你自然而然帶出一場讓你站在聚光燈下的對話？舉例來說，如果你要出席的這場大型研討會，將談到社群媒體的應用，你能不能拿出一些實例，說明你如何成功使用社群媒體建立起社群？你或許是為了兒子的童軍團辦到這件事，或者，你是一名部落客，專為《快速企業》（*Fast Company*）雜誌等知名網站撰文。以研討會的主題來說，這必然會引起興趣。研討會後，這位副總或許會邀你加入一個能見度極高的專案小組，那是由他召集、準備善用社群媒體並強化獲利能力的專案，誰知道呢？

4. 領導，而不要只是跟隨

許多人會參加協會或社團，但很少人真正參與投入其中。這是你在產業中發光發亮的好機會，能讓你獲得除了老闆之外其他人的青睞。找一個組織，承諾要為組織多做一點事，而不只是每月出席例會而已。積極主動參與委員會，或者參與能提高你能見度的計畫。至於長期目標，可考慮成為協會主席，這絕對能讓你受人注目！

5.自願參與組織內能見度高的專案

讓我們面對事實，幾乎在每一個組織裏，執行長都會提出讓員工自願參加的志業。你的公司可能有聯合勸募，或是為了滅絕飢荒而健走。這些活動一定會指派某個人主持領導，那麼，何不確定這個某人就是你呢？這項任務讓你可以直達天聽，並能證明你有能力領導重要活動。當然，如果這項活動能讓你貼近某人的心思，而這又剛好是最終掌握你在組織中動向的那個人，那就更好了。

另一個讓你脫穎而出的做法，是要找機會參與公司內要求各部門推派代表共同參與的活動。要記住，能見度才是王道。之前我們提過為何獲得主管外的其他人青睞是很重要的事，在經濟環境動盪不安時尤其如此。志工將成為團隊和管理階層之間的聯絡人，這樣一來，你就有機會把你的心得傳達給組織中更上層的人。

6.隨時為主管提供你最新的成就

這裏的關鍵，是要找出主管偏好的溝通方式，並利用這樣資訊來分享你的成就。如果你的主管喜歡看到月報表，那月底時你就可以發送一份文件給他，清楚列出在你指導之下完成了哪些進展。一定要避免到處充滿自我推銷的話術來轟炸你的主管，要不然，你的備忘錄可能會在還沒有人讀過之前就被刪掉了。在這件事上，簡潔明快很能發揮作用。把你必須說的話說給主管聽，別的一概不提。若他需要更多資訊，他會請你提供。

當你的主管稱讚你很努力，並請你多說一些時，你就知道你已經掌握自吹自擂的技巧。

說故事專家的睿智建議

說故事專家莎莉・史崔克貝茵（Sally Strackbein）認為，如果你對人們說到「自誇」一詞，你會看到多數人帶著恐懼縮回去。一般的自誇通常是那些討人嫌、以自我為中心的人才會做的事。但是，如果別人都不知道你有哪些成就，你要如何向前邁進？

策略型的自誇和一般的自誇不一樣，前者是一門藝術，你說出你的成功故事，而其他人會說：「請你再多說一點。」沒有人想聽到別人說：「我最棒，我最偉大，好好看著我！」但是，每一個人都想聽一個結局幸福美滿的好故事。

這裏的重點，在於你如何說故事。有趣的自誇故事應該從切合當下場景開始，就像電影演的一樣。你只能用一、兩句話來做為開場，之後解釋你解決了什麼問題、你如何解決，以及你獲得哪些成果。關鍵是要先聽別人說，而當他們問起你時，你可以說：「舉個例子」，之後開始說你自己的故事。

自誇度問卷

《吹嘘！展現自己而不搞砸的藝術》（二〇〇三年版）一書中，作者佩姬．克勞絲提供了一些極寶貴的問題，目的在於協助你能有效地推銷自己。不要認定自己必須依序回答這些問題，你可以從任何一處下手，也可以跳過某些問題。當你做完這些問題時，你很可能會想到之前在回答其他問題時可能忽略掉的東西。事實上，在你做完評估之後，你很可能會想要重新檢視一下你的答案。請記住，你愈是多做這項測驗，你提出的細節內容愈是具體，就愈容易編製出你可自誇的東西，對於那些還不那麼了解你的人而言，你的「自誇語錄」也會更加清楚、更加有趣。

【自誇度問卷：建立自誇語錄的題庫】

1. 你自認以及他人眼中認為你個性的五大優點為何？
2. 什麼是你曾經做過，或者曾經發生在你身上的十件最有趣的事情？
3. 你以哪一行為生，你又是怎麼做的？
4. 你有多熱愛目前的工作／事業？
5. 你在工作／事業上運用了哪些技能和才華？在你目前從事的專案中，有哪些最能表現你的才幹？

6. 你最引以為傲的事業成就（包括目前的職位及過去的工作經驗）是什麼？

7. 去年你學到了哪些新技能？

8. 從專業上及個性上來說，你克服了哪些障礙，才讓你有今天的成就？你從錯誤中學到哪些教訓？

9. 你完成了哪些訓練／教育，你從這些經驗當中得到哪些收穫？

10. 你加入了哪些專業組織？方式為何？（成為會員、理事、出納？）

11. 你如何度過公餘時間？這裏談的包括你的休閒嗜好、興趣、運動、家庭生活，以及志工活動。

12. 你用什麼方式讓別人的人生因此不同？

〔自誇度問卷由佩姬．克勞絲事務所（Peggy Klaus and Associates ©2003）提供，版權所有，哈卻特出版集團（Hachette Book Group）慷慨允用。〕

【重點整理】提高你在職場中的能見度

- 當你試著要受人注目時，首先也是最重要的，是你一定要真誠實在。如果你做不到，在你自誇時就會感到惶惶不安，最後你很可能就不再這麼做，這樣一來可能會影響你爭取資源的能力；要繼續支持部屬及你自己必須要有的資源。
- 放大你的音量！忘記家中長輩或他人諄諄告誡你溫良恭儉讓的教誨。你必須敲鑼打鼓、弄出足夠的聲響，讓組織裏的每一個人都知道你是誰，都了解你達成了哪些目標。
- 光靠績效無法讓你攀上頂峰。你可能是會場裏最棒的歌手，但是如果你不開口唱歌，別人就不會知道。
- 那些和自我推銷相關的刻板印象，都是迷思。一個人若遵循一套在今日職場中早已不合時宜的規則，絕對無法向前邁進或為部屬爭取更多資源。主導你自己的公關宣傳，讓每個人都知道你的工作成績與部屬的工作表現，而且一年到頭都要這樣做。如果有人卡在這一點，請你一定要把這本書借他閱讀。
- 女士們（對，我是針對妳說的），還有各位的母親都錯了。一直以來，女性都受到制約，相信自誇不符合淑女風範。如果你希望和男性同仁在同樣的職場中競爭，我會請妳一定要敲鑼打鼓、自吹自擂。
- 時機決定一切。在你要公開最近的重大勝利之前，先察看周遭發生的一切。你最不想做的，是當身邊的人正在經歷難過的一天時，你卻在敲鑼打鼓宣傳自己的好消息。

- 很可惜，大部分的大學都沒有開設「說故事入門」這一門課。這表示，你必須靠自己來磨練這個技巧，「自誇度問卷」可以幫助你有個開始。

領導者風範比很多人設想的更重要。當我聽到「領導者風範」這幾個字時，想到的是「4個P」：Professional（專業）、Put together（凝聚）、Polished（光采）與Poised（泰然）。這幾點組合起來的威力，讓領導者可以鶴立雞群。

我曾經調整某個人的職務，因為他無法展現領導者風範。我曾經將績效極佳的員工拔擢到資深職位，當我們共處一室進行討論時，他卻變成隱形人。他安靜無聲，唯命是從，做不到挺身而出，和輔導教練一起努力過之後仍徒勞無功。

如果你接下某個重要職務，你必須讓大家都知悉你的存在。你必須對周遭的事物感到興趣，也必須是個有意思的人！當你站出來接下領導者的角色，務必確認你已經做好準備了。

——喬伊絲．羅素（Joyce Russell），美國藝珂人事顧問公司（Adecco Staffing US）總裁

第七章

向上管理

領導者風範

——領導者風範不僅是表面所見

快問快答：聽到領導者風範（executive presence）一詞時，你想到到什麼？請快速寫下你的答案。我曾為包括微軟（Microsoft）在內的多家企業，舉辦過領導者風範工作坊，前述的練習題就是我的開場白。可用來描寫同一件事的不同詞彙竟然有這麼多，這一點總是讓我感到驚奇。為了確定我們講的是同一件事，以下是我的定義：

領導者風範，指的是領導的氣場，這是當領導者出現在某個空間時，周邊的人會有的一種感受。

領導者風範無關乎昂貴的西裝套裝，但穿著打扮確實很重要，這也無關乎堅定的握手，或者和對的人相處。重點是，當你出現時讓身邊的人有何感受。

說到領導者風範，請記得一句話：「行動勝於空談」。請務必花間仔細思考你做的每一件事，以及你身邊的人如何看待你的行事作風。當然，你會犯錯；人非聖賢，孰能無過。但最重要的是，你如何面對錯誤。如果你可以學會在必要時調整自己的風格，沒有多久大家就會說：「他做得很棒。」

如何培養領導者風範

繼續談下去之前，先讓我們更詳細檢視你培養領導者風範時必備的特定要素。

1. 散發自信

美國前總統歐巴馬便具備絕佳的領導者風範，牙買加籍的短跑選手尤賽恩・波特（Usain Bolt）、偉大的網球選手小威廉絲（Serena Williams），以及奇異（GE）前執行長傑克・威爾許（Jack Welch）亦同。無論男女，能獲得頂尖工作或站上頂尖地位的人，一定都很有自信。當這些人出現時，你絕對不會懷疑這些人知道自己適得其所。

請想一想你心裏最尊敬的領導者，此人可能是你的主管或其他人，當他走進會議室時，你會注意到什麼？最可能的情況是，他走進來時，大家會覺得他是這場會議的主人。他在會議桌邊就坐，其他人會搶著坐到他身邊，你絕對不會懷疑到底主導局面的人是誰。成功人士相信自己的技能與才華。

現在，請思考你自己所處的情境。說到自信，你給自己打幾分？你可以選擇，還是每天早上起床時樂觀地帶著滿腔熱情去工作，還是想辦法混過這一天，想著到底何時大家才會發現你根本不屬於這裏。我希望你選擇樂觀以對。

領導領域的專家馬歇．葛史密斯（Marshall Goldsmith）寫了《UP學：所有經理人相見恨晚的一本書》（*What Got You Here Won't Get You There*，繁體中文版由李茲文化出版）[1]，書裏談到自我效能（self-efficacy），他相信這是帶動個人成就最核心的信念。「相信自己會成功的人，在別人看到威脅之處見到機會。」葛史密斯表示：「他們無懼於不確定或曖昧不明，反而會加以擁抱。只要有機會，他們總是會拿自己去賭一把。」

下一次當你發現面對一樁富有挑戰性的任務時，我希望你能想到這一點。我期待你拿自己下去賭一把；或者，更好的是，你把賭注加倍。

2.泰山崩於前而色不變

想像一下你是一位職業棒球選手。最後一局，滿壘，兩人出局，現在換你上場打擊。你這一隊落後兩分。你準備打擊，擺好姿勢。像波士頓紅襪隊（Boston Red Sox）已退休的大衛．歐提茲（David Ortiz）這等專家，準備了一輩子就是為了這樣的時刻。想一想，歐提茲會不會站在那裏想著：「天啊！我不確定我辦不辦得到，我快要被壓力壓死了。」相反地，他早已學會如何管理壓力，並把壓力變成自己的優勢。你也可以效法。

讓自己做好準備，面對壓力淡然處之的最好方法，就是徹底想過每一種可能發生的情境，並演練你的反應。舉例來說，倘若有人要你向高階主管執行委員會，簡報你的團隊最近正在做的留住新客戶策略。其中有些人可能會向你提問，請思考一下會有哪些問題，並且準備好答案。請記住，你是這套策略的專家，因為這是你設計的。

3.展現果決

領導者被賦予權威，人們也預期他們會加以運用。果決的領導者會吸引人。花一分鐘想一下，假設你遇見一位執行長和他的高階主管團隊，這位執行長說：「我想我們應該收購這家公司，但我無法百分之百確定這是最好的策略。」他這句話還沒說到「確定」，可能就已經被趕出董事會了。

我最常聽到員工的抱怨之一，就是他們的主管不做決定。是不能，還是不為？如果我要跟從一位領導者，我絕對想確定對方很清楚自己要走什麼路。做決定是主管職責中風險最高的工作項目之一，但也是最重要的項目之一。高效領導者會蒐集事實資訊，檢驗替代方案，然後在他們所知的範圍內盡量選出最好的路線，而且他們會快速行動。他們絕對不會無所事事，閒著無聊到處遊蕩。

此外，一旦拍板定案，他們不會事後對自己的行動計畫動搖，他們會以光速展開行動。

決策很少完美，正因如此，高效領導者必須成為在向前邁進的同時，又能調整路線的大師。有時候不管做什麼，都比放著不管好。如果犯了錯，改正就好。

4. 高效溝通

能展現絕佳風範的高階主管都具備一種不可思議的能力：他們能用語言改變我們。大波士頓食物銀行（The Greater Boston Food Bank）執行長凱薩琳・狄安瑪托（Catherine D'Amato）是我的客戶，她就是這樣的領導者。狄安瑪托一開口，大家就會豎耳傾聽。她能引領大家進入她的願景並支持組織的使命，這股能力讓人不可思議。我認為，這是因為她一向坦誠真心。有些執行長不會表現出不確定，也不會承認他們做的決策可能有些並不恰當。狄安瑪托樂於和團隊成員分享她自身的錯誤，如果她錯了，她也會第一個承認。

請檢視一下你自己的溝通風格。當你開口時，其他人會聽你說，還是拿起手機查簡訊？溝通技巧可以靠學習改進。如果你覺得增添風度可以讓你受惠，請考慮聘用輔導教練，協助你以有魅力的方式表現自我。

5. 判讀群眾或情境

我曾有一位主管，他很善於判讀他面對的群眾或情境，這項特質正是他可以成為極成功業務員的原因。當他走進會議室，他會很快地掃描群眾，然後判斷這一群人是否友善。如果答案為否，他會說些話來解除他們的武裝。無須多言，大家都喜歡他。

判讀出當下場合情境的能力，來自於練習與經驗。看看在你所屬的組織裏有哪些人精通此道，請他們和你分享一些祕訣，然後實際加以運用，直到這也成為你的第二天性。

如何在快速變遷的世界裏留下深遠的印象

這個世界裏處處有讓人分心的事物，我們只有百萬分之一秒留下出色的第一印象，這代表沒有犯錯的空間。以下幾個有效的祕訣可以幫你一把。

1. 穿著打扮得宜

打扮重要嗎？絕對是！如今，很多時候年輕的職場工作者拒絕正式的商務穿著，而以我們所謂的「商務休閒」（business casual）半正式風格取代，也因此，很多人覺得穿著牛仔褲配T恤去和客戶開會，完全沒問題。但這麼做明智嗎？我要請你來決定。

最近的《華爾街日報》（*Wall Street Journal*）刊出一篇名為〈為了成功而裝扮為何能帶來成功〉[2]的文章，強調新研究指出，穿著得體的員工會更有成就。這篇文章指出：「利用幾個方法（包括模擬商業會談，受試者分別穿著正式或比較休閒的衣著），研究指出，穿著較得宜可以提升自信心，影響他人對當事人的看法，在某些情況下甚至有助於當事人的抽象思維，以領導者和高階主管的方式來思考。」

文章中提出一份二〇一四年的研究，由耶魯管理學院（Yale School of Management）的助理教授麥可．克勞斯（Michael W. Kraus）和《實驗心理學期刊》（*Journal of Experimental Psychology*）共同執筆，研究指出穿著得宜的人在「利害關係重大」的競爭性任務中，能獲得更高的主導權，也能增進工作表現[3]。

該研究找來一百二十八位年紀介於十八到三十二歲，背景與收入水準各異的男性，要他們針對出售一家假設性的工廠進行模擬談判，目的在於檢視穿著特定的服裝是否會影響結果。在每一種情況下，「買方」都是由三組人馬當中選擇一組，一組穿著正式的套裝和搭配的鞋子，一組穿運動褲配、白T恤再搭塑膠涼鞋，第三組稱為「中性組」，來到現場時穿什麼就是什麼。在每一場談判中，都有一位中性組的人員扮演「賣方」，但是扮演「賣方」的人就不再扮演「買方」。

每一位談判者都會得知這家虛擬工廠的市價，以及其他會對他們的開價和叫價造成影響的資訊。最後的結果是，穿套裝的人在談判當中比較不願意讓步，與原始開價的平均差額僅有八十三萬美元，相比之下，穿運動褲的群組平均差額為兩百八十一萬美元，中性組則為一百五十八萬美元。

以下是我從研究中歸納的心得：

- 穿著比較得體，可以增進你的自信。
- 當你打扮得宜，就是在對別人放出信號，透露你能成功駕馭目前所做的工作，而且很有信心。
- 打扮得宜會影響他人對你的觀感。
- 在某些情況下，穿著得體會增進你的的抽象思維，以領導者和高階主管的方式來思考。
- 當人穿著打扮比較正式，能綜觀全局。在該研究中，穿著休閒的人多半糾結在細節上。當你感到更有自信時，就不會拘泥於小節。

我並不是建議你趕快衝出去買一套昂貴精緻的西裝套裝，但你可能需要更仔細檢視你的衣櫥，升級某些行頭。尤其是要參加重要會議時，女性應考慮穿著合身的套裝外套，並搭配一雙高跟鞋。男士應該隨時在辦公室放一條領帶，以防忽然間被叫進董事會。

2.人到心到

遠離你的智慧型手機！我曾經碰過一位人力資源高階主管，總是心不在焉，她到哪裏手裏總是抓著手機，就連主管（也就是執行長）和她講話時，還敢在桌面下傳手機簡訊。她的手機癮導致失去這份工作：情勢很快就明朗了，她並非執行長心目中，能夠代表整個組織的那種人。她顯然缺乏領導者風範，也沒有做到「人到心也到」！

我所認識具備領導者風範的人物，都會讓你覺得房間裏只有自己和對方。當他們在和你對談時，絕對不會回電話，也不會傳手機簡訊。

我要提出的建議很簡單。和主管或任何員工說話時，請遠離你的手機。不要打斷對話，不要受到任何事物干擾。這個小小的舉動，將大大影響你的職場人際關係。

3.精準溝通

這些年來，不知道是我的聽力惡化了，還是大家講話的音量都變小了。我發現，當主管在會議中傳達溝通時，很多人都用很輕柔的聲音，而且不大肯定。當你和主管或主管的同儕對話時，很重要的是「有自信」，而且要「說清楚」。

同樣重要的是，要知道世界上發生哪些事情，可能會影響你正在從事的業務，你才能夠以具有權威而且可靠的態度去討論這些事。就我的經驗而言，已經很少有主管閱讀報紙了，因此，他們全都變成同一個模子的人。透過仔細閱讀，你大有機會脫穎而出。我會建議接受我輔導的客戶訂閱《華爾街日報》（*Wall Street Journal*）或《紐約時報》（*New York Times*），讓他們可以睿智地和主管及組織裏的其他領導者對話。

當你在紛擾的世界裏表達自我，訊息很容易就石沉大海，正因如此，簡潔明快與一語中的極為重要。現代的工作者，包括主管，時間都不夠用。你只有短短幾秒鐘的時間，一會兒他們就要轉身去做下一件事了，切記，要讓每一秒鐘都有價值。

4. 掌控全場

在你的事業生涯中，很多時候你會希望能掌控全場，可能是你要針對手上正在規畫醞釀的新概念，為主管做一份客戶推廣簡報，或是要向你的主管與高階主管團隊推銷你的構想。在這些時候，重要的是要記住以下幾點。

明智選擇座位：規畫好早點到會場，用水瓶和筆記型電腦占位子。可能的話，坐在主管隔壁。當然，同樣重要的是要注意你的禮貌。在會議室裏占到一個好位置很重要，但你絕對不想為此把任何同事壓下去。

增加眼神接觸：好的眼神接觸可以讓其他人投入。若你無法經常和他人眼神接觸，就會失去和群眾建立關係的大好機會。

提高自信心：如果你認為你接下來要說的話沒那麼有趣或沒那麼重要，這一點會改變你呈現資訊的方式。帶著熱情和信念說話是很重要的事，在向主管推銷想法時尤其如此。

放大音量：你的興奮將會感染他人！

確定你說的話與行動相符：最好確定你已經做好了功課，因為一旦眾人把目光放在你身上，他們會期待你能講出一些值得聽的內容。

哪些因素導致人們裹足不前

我以顧問及企業教練的身分和幾百位領導者合作過，我發現很多人對於領導者風範這個抽象概念感到無力，原因如下。

1. 心態

領導者風範遭遇的最大障礙，就在你的兩耳之間，這稱為心態。最首要也最重要的是，人拒絕相信除了績效表現以外，還有其他因素會影響升遷考量。請看看你所處的職場四周，看看是誰獲得拔擢。得到提拔的人是技術面的工作表現最出色的人，還是其他因素也發揮了作用？我猜是後者。

我之前提過我替幾個著名的組織辦過領導者風範作坊，有時候，這類課程是為了尋求推動事業發展的女性而辦的。其中有一堂課是很明確的提醒，告訴我們心態如何阻礙人們有所成就。當我們開始討論形象的重要性時，有一位女性學員表現得十分抗拒。她的腦海裏有一個想法揮之不去：身處管理階層的男性每天穿著牛仔褲和T恤來上班，仍會成為眾人眼中的權威人士，但如果她也這麼做，大家就不把她當一回事。

我和團體分享《華爾街日報》的〈為了成功而裝扮為何能帶來成功〉。即便看到數據，而且她本人還擁有麻省理工學院的學位，但她仍無法調整自己的想法。請謹記，我的意思並不是說，女性需要穿著裙子和套裝外套去上班，才能成為人們眼中的領導者。我只是分享一項研究，並建議她隨時準備一件套裝外套，在開會時可以穿上，或許可以幫助她散發出更多的權威形象，但她就是不接受這種想法。

2.名不符實症候群

假設你現在擔任的是你可能無法完全勝任的職務，或者說至少目前還做不到。很可能會有個背後靈跟著你，每天都在提醒你這件事。你不斷想著，哪一天才會有人發現我不該坐上這個位置？

之前我們討論過，當具備領導者風範的人走進來時，他們會具備彷彿自己是主人的態度。相反的情況是，如果你選擇悄悄地從側門溜進去，祈禱最好沒有人看到你，你將會願望成真，不會有人注意到你。但是我們之所以花這麼多篇幅討論，不是為了要幫助你隱形，你的主管需要知道你可以掌控全局。

你需要新的自我對話。你有能力接下這份工作，不然的話，你也不會拿到這個職位。你還不懂的，很快就能學會。請持續地告訴自己，這是你該得的職位，每天都說，說到你最後深信不疑為止。

3.自我懷疑

你可能會一直想著：「憑什麼有人會聽我的？」嗯，如果你的態度一直是這樣，那就真的沒人要聽了。這實際上是一個自尊的問題。如果你要保住領導者的職位並且有所成就，你就必須散發自信。

相反地，你應該這樣想：「我可以提供很多價值，哪會有人不想聽我說？」

精進你的領導風範

領導者風範並不是你學會之後，就永遠不會忘記的技能。推進事業發展時，你需要精益求精。以下有些概念可以幫助你精進領導風範。

1. 磨練你的簡報技巧

你在組織中爬得愈高，就愈常要做簡報。我的建議是，你現在就開始磨練這方面的技能，以後就會覺得自信，而且隨時隨地可以做簡報。你有幾個可實際操作的方法，包括與同仁或你信賴的顧問進行角色扮演、加入當地的國際演講協會（Toastmaster club）、在產業協會的會議上演說，以及在大型研討會上做簡報。如果手邊有更多資源，也可選擇聘請簡報顧問。

2. 改正壞習慣

我有一次在看一場政治辯論會，有一位候選人經常打斷另一方，這讓我大為吃驚。我發現他的行為舉止很讓人討厭。職場上也一天到晚都有這種事，請確定你不是別人眼中的討厭鬼。如果你習慣打斷別人，請數到十再說話，這麼做，你就能為對方騰出空間，讓他講完他想講的話。其他會讓人分心的行為，包括手勢太多，如果你一直手舞足蹈，別人很難專心接收你的訊息。若有需要，請把手放在口袋裏。

3. 向主管、明師或教練請求協助

如果你希望主管帶著你去參加會議，讓你得到在他處得不到的曝光度，那就要注意你如何表現自我。不要害怕請求主管、明師或教練針對如何精進這方面提供建議。

【重點整理】

- 領導者風範指的是領導的氣場，這是當領導者出現在某個空間時，周遭人們會有的一種感受。
- 具備領導者風範的人會散發自信、泰山崩於前而色不變、展現果決，並以讓他人能參與自身願景的方式進行溝通。
- 這個世界有太多讓人分心的事物，我們只有百萬分之一秒，留下出色的第一印象。講到領導者風範，穿著打扮很重要。請留意你的衣著選擇，如果預算許可，請自行升級。
- 人到心也到。遠離你的智慧型手機，和在場的人完整互動。
- 學習如何掌控全場。明智選擇座位，注意自身的禮貌，先花時間做功課，以利你能在對話中有充分的貢獻。
- 所有領導者都有能力精進自己的領導者風範。要做到這一點，你需要改變心態，從「只有價值能決定我這個人」變成「要如何做，別人才會視我為領導者？我需要做哪些調整才能改進？」
- 具備絕佳領導者風範的人會每天努力維繫，以保持下去。請教你尊敬的人，請他們提供回饋意見，你也要願意嘗試新做法。

有人輔導指引很重要。這類關係讓你可以提出更多問題，以不這麼正式的管道去學習。人會陷在一種思維裏，認為輔導指引是組織內部的正式要求，但在多數情況下，對方不會說：「我想成為你的明師！我想為你指引明路！」

請睜大你的眼睛。當你有機會和明師合作時，請好好把握！當你找到一個你認同欣賞的人，請想辦法切入，讓你有立場和對方培養出導向輔導指引的關係。想辦法為這些領導者增添價值，讓他們在不同的對話中把你納進去。這可以讓你先擠進陽台站著，但終有一天可以在會議桌旁占有一席之地。

輔導指引還有另一面，但多數人不談。當你成為明師，你帶領過的人將成為你成功故事的一部分。我就有一位徒弟現在和我一起合作，這是我們合開的第三家公司。最近我對他說，他需要找一個輔導指引的對象，以後才能打造出一個團隊，當他愈爬愈高時，才會有一群人一直跟著他。

——瑪莉．迪索（Mary Duseau），羅卡生物科技公司（Roka Bioscience, Inc.）執行長兼總裁

第八章

向上管理

如何與企業教練或明師合作

何時與如何和企業教練或明師合作

企業教練輔導與名師指引歷史悠久，很多企業早就開始利用外部資源，幫忙改正組織高階主管的不當行為。直到現在，組織各個層級廣泛運用企業教練與明師制度，協助員工加速發展，並提升他們身為領導者角色的表現。這類做法和運動領域的教練指導運動員很類似：幫助你發揮出最高的天賦能力，並想辦法因應你的弱點。

花一點時間想一下你要如何學會一種運動，比方說高爾夫，這類運動你必須要了解規則，具備專注力，而且要多多練習，才能成功。現在，想一想，要在沒有指導員或教練的條件下學會這項運動，情況會變成怎麼樣。大部分的人可能會在挫折之下放棄。事實上，回到一九九〇年代，當時找不到有什麼人可以幫助我們在職場賽局中精進，很多人也就是這麼一翻兩瞪眼：我們這麼離開了象徵美國精神的企業，轉而成立網路公司。

辯論：要明師？還是企業教練？

你去問十個人，明師和企業教練有什麼不同，可能得到十種不同的答案，但多數人都同意兩者確有不同。在你開始尋找明師和企業教練之前，必須先明確決定，你想要從這類關係中獲得的收穫是什麼。一旦你回答了這個問題之後，就知道要往哪個方向前進。以下有些通用的指引可以幫助你做決定。

【明師的九個特徵】

- 在組織裏的位階通常比你高很多
- 擔任的可能是你渴望有一天也能坐上去的位置
- 可能和你在同一個組織工作，也可能不同
- 通常都由尋求輔導指引的人選擇
- 通常都根據他們在你的事業或發展過程中的某個階段，可以為你提供的指引做選擇
- 位於有影響力的地位，其影響力來自於你為他們帶來的價值
- 等著導生（mentee/mentoree）來向他們尋求指引
- 通常無薪酬
- 可能成為終身的支持者或朋友

【企業教練的十個特徵】

- 為你成為領導者的養成提供策略
- 和你合作設定里程碑，並要求你負起責任、把這件事當成自己的事，努力達成這些雙方協議的目標
- 幫助你看到通常有礙主管成功的盲點
- 敦促你發揮個人最好的那一面
- 幫助你提升專業上的關係
- 以顧問的身分和你合作
- 以積極主動的方式帶動你們之間的關係
- 可能由你的公司提供（請注意：若由公司出資聘用顧問，如果出現利益衝突，他們首先要履行對公司的責任）
- 他們的服務要收取薪酬
- 與你合作，直到確定你已經達成設定的目標

烏諾艾拉弗爾他網（UnoAllaVolta.com）與熱血烹飪人網（CookingEnthusiast.com）創辦人兼執行長泰瑞．艾爾波特（Terri S. Alpert）認為，和企業教練合作，與在健身房裏配合個

人教練的指導，非常相似。她說：「如果我已經訂下目標，而且希望能修正行為，我就去找人負責幫我忙，讓我持續有動力。習慣改變了，就會帶來其他改變。要養成習慣需要很努力，何不用上所有你能找到的資源？資源就像工具箱裏的工具，管理工作之中，有一部分就是要善用資源。」

和外部人士合作的優點

狄卡布商會（DeKalb Chamber of Commerce）前任會長兼總幹事李奧納多．麥可拉提（Leonardo McClarty），第一次聽到董事會建議他和企業教練合作時，他非常興奮。這是他第一次擔任領導職位，由他主導大局，聽到組織願意在他身上做投資，確實讓人開心。

「對我而言，重點在於加速學習曲線！」麥可拉提表示：「企業教練有更清晰的視角，他們可以看透很多事，因為他們不是每天都在這裏做事。他們具備其他經驗，可以套用在我身上，因為他們和其他也面臨類似挑戰的客戶合作。最重要的是，他們會對你說你需要聽的話，而不是你想要聽的話。」

你可能會想：「嗯，這不是我的主管該做的事嗎？」是，也不是。主管還有其他職責，比方說會計、人力資源、顧客服務等等。他要盯著大格局，不見得有時間為你提供你需要的指引，如果你剛剛晉升管理職位時，尤其如此。但如果你有企業教練，教練的關注會放在你身上，你們相處的時間不會受到其他事物干擾。

麥可拉提大學時代是足球校隊，隊上有好幾名教練，每一位都專門負責一項打贏球賽必備的特定技能。這樣的分工讓每一位教練能夠聚焦在自己最有把握的項目上。雙方搭配起來，變成了一支勝利隊。我們在美國企業界各處也看到同樣的賽局計畫：執行長決定賽局策略並主持大局，訓練主管的工作，通常就交給組成勝利團隊的能力受到肯定的外部專家。

艾爾波特也在公司採行類似的做法，她的員工只要想找人訓練，就能如願。有時候，她也會替無法達成期待的員工聘請企業教練。「我們希望為他們提供每一個成功的機會，讓他們在公司可以找到長期待下去的位置。」艾爾波特如是說。

然而，她提供企業教練這項資源時也有但書：員工必須達成雙方同意的目標。艾爾波特發現，多數決定不要聘用企業教練的人，實際上是無法承諾達成目標。如果是這樣，那就最好不要浪費這項資源。

尋找企業教練或明師時的五個重點

到了今天，好像每個人都是企業教練或明師，那麼，何不簡單一點，就和朋友合聘同一位教練就好了？這樣做或許很好，但在這麼做之前，請確認你們的需求是一樣的，而且這位教練或明師也很適合你。以下是一些在尋找企業教練或明師時應該檢視的重點：

1. 對方的經驗是否達到標準？

我不知道你怎麼想，但在對方尚未累積出幾十次經驗之前，我才不想要他來教我第一次如何安全地從飛機上跳下去！在工作上選擇企業教練或明師時的道理也是一樣。某一位人生教練或許很適合你那位放完長假，想要重返職場的表親，但如果你期望學習的是，如何成為一位更高效的領導者，此人可能就不是你的首選；你需要有實戰經驗，而且成功領導者群的人。

2. 和你的風格匹配嗎？

你必須要能自在地在此人面前展現你的真我，偶爾還會聽到一些刺耳的回饋意見。有些教練以開門見山聞名，有些則會使用比較拐彎抹角的做法。知道自己偏好哪一種風格，可以幫助你找到順利配合的對象。

3. 對方願意提供試用期嗎？

在你們開始合作之前，很難真正知道雙方的個性是否相契，正因如此，不管要跟誰合作，確定可以有試用期是很重要的事。這不代表，萬一你決定要從這次不適合你的安排中抽身的話，你可以全額退費。這只表示你可以訂下退出條款，以防你們需要分道揚鑣。

4.此人是否曾經成功協助身處類似情境的其他人？

此人過去的績效如何？關於這位可能成為你的企業教練的人，你需要知道他做這一行多久了？具有哪方面的能力？但要小心，不要糾結於過多的細節。之前協助過製造業新手經理，強化他和資深管理階層關係的出色教練，也可以為你帶來同樣的績效，就算你從事的是零售業，那也沒關係。

5.這個人有空嗎？

如果對方沒有時間幫助你，就算找到一位很棒的企業教練或明師，也幫不上太多忙。在你培養關係之前，請明確定義你的需求，詢問對方在考慮到他承諾的其他工作之下，你的期望是否符合現實。

你可能也會想看看此人的正式證照，但不要糾結在這一點上。常有人問我，沒有證照的教練是否值得聘用。我要在此揭露完整的利害關係：我並沒有任何企業教練執照，但我為人們提供高效的教練指導超過二十年。請去找一位能證明有過類似成功經驗的人，不要擔心他能不能出示上面印有姓名的三張證照。如果你找到中意的人選，請做背景調查。如果對方過去的經歷符合你的觀察，那就繼續，就這麼簡單。

和外部人士合作的最佳時機

在以下這些重要時刻，可考慮和外部企業教練或明師合作：

- 你正為了升遷做準備
- 你需要快速融入新環境
- 你發現要管理手下員工極富挑戰性
- 你發現自己要為難相處的主管效力
- 你被調到新的部門、辦公室，甚至國家，你必須用到一些之前沒有培養過的技能。
- 你的績效表現有些缺點，如果放著不管，很可能會擴散，並影響其他面向的表現。

性別重要嗎？

關於是不是要選擇和自己性別相同的企業教練或明師，當然有很多種不同的想法。很多時候你可能沒得選，因為位居領導職的女性就是沒有這麼多。即便如此，有些時候特地去找相同性別的明師或企業教練，有其價值。

「有很多事是女性必須考慮，但男性並不需面對的事情。」《失落的明師：女性為女性提供的權力、進步與優先次序建言》（暫譯，原書名 *The Missing Mentor: Women Advising Women on Power, Progress, and Priorities*）[4]作者兼康卡斯特（Comcast）旗下ＮＢＣ環球集團（NBCUniversal）外部事務副總裁瑪莉．絲塔特（Mary Stutt）指出：「女性仍是必須擔負家務責任的主要人選。你不會常常聽到男性在談工作與生活的平衡，而這也是女性明師可以施力之處。」

然而，這不代表女性不應善用男性明師可以提供的資源。在現代，男性工作者同樣也在工作與生活的平衡之間苦苦掙扎，如果同時擁有成功事業與美滿家庭的女性能透露心法，他們也可從中得益。

如何覓得明師或企業教練

很多地方都可以找到明師，先從你公司內部找起。很多組織都有正式的師徒制方案，如果貴公司也是，那你只需要開口就好，會有人負責把你和公司裏自願參與方案的明師配對。

如果你公司內部沒有設置正式的方案，那你就需要向外尋找明師。有時候，這類關係得來全不費工夫。舉例來說，你可能去參加一場大型研討會，遇見某個人對你所說的話很感興趣，隨著對話繼續下去，你們雙方都感到心意相通。過不了多久，對方就會告訴你，如果下次你發現自己處於某種特定情境時，可以撥個電話給他。

有時候，你可能必須尋尋覓覓，才能找到一位適當的明師。你需要置身於可以輕易遇見這些人的場合。對很多人來說，這可能是大型研討會或協會會議，這些場合邀請的演講者中會有你很想認識的人。

絲塔特說，你必須要有創意。建議是：「多參加研討會，就算你必須自掏腰包也無所謂，去認識那些在自身領域已經是領導者的人。在他們演說後趨前向他們致意，並且給他們一些有意思的訊息，請他們允許你之後再行聯繫，以便知道他們的意見。」舉例來說，你可針對他們感興趣的領域，提出一份相關的最近研究報告摘要。她也建議加入公司內的專案，以便認識你可能無法透過其他管道接觸到的領導者。

網路是另一項用來尋找企業教練或明師的好工具。請搜尋一下你的校友會線上目錄，尋找目前已經位居你渴望職務的校友。發一封電子郵件徵詢這些可能的明師，請問他們是否願意在上班前或下班後，撥出一些時間和你碰面，喝杯咖啡。也可利用你的領英（LinkedIn）人脈網路搜尋可能的明師。

如果你要花上一陣子找名師，也別訝異。大家都忙，而且多數人不會馬上願意接下另一項任務。但等他們有時間了解你後，可能會願意這麼做。

盡量拓展你和明師或企業教練之間的關係

在我們繼續談下去之前，先來看看一些能幫助你拓展和明師或企業教練之間關係的具體方法。

和明師合作時

社會企業銀行（Social Business Bank）創辦人兼前任執行長薩米爾．賽伊德（Samir Said），把很多時間投資在和明師培養關係：他的明師群向來是很好的支持者，在他創業時助他一臂之力。就像之前提過的，這類關係有時候會自行茁壯成長。這些人可以是有人在某個大型研討會中把你介紹給看來和你很契合的人，或者，也可以是你特意留意對方，而賽伊德相信，輔導指引的關係必須是雙向道。他說：「你必須為明師創造一些價值，可能是代表感激的小小象徵，或是你也想辦法幫忙明師。」以他自身來說，他會特別留意他的明師們感到興趣的人脈，之後再幫他們介紹。

絲塔特認為，最重要的是，當你和明師碰面時要做好準備，列出一張清單寫著你有哪些具體的問題需要幫忙。「這些人都很忙，」絲塔特說，「你要遵守雙方事先講好的時間限制，準時抵達，時間到就離開。精準掌控時間，盡量善用你和他們的接觸機會。提出你希望明師回答的具體問題。如果你遵循前述建議，明師也會樂於以後再和你碰面。」

擔任人生教練與策略行銷人的史黛妃．布拉克（Steffi Black）建議，若想要增進你和明師之間的關係，要考慮環境情況，並評估最好的方式，她說：「在某些情況下，訂下固定的會面時間相處對你來說會比較好，有時候，你有需要就撥個電話給對方，這種開放式的關係卻是最好。」要確定你的明師不會只是隨便附和、虛應你的問題，而是一個可以幫助你反思為什麼會發生這種事，並幫助你好好思考該如何因應的人。

把明師想成自願奉獻心力的人，要尊敬他們，僅取你所需要，並做好準備，有機會時投桃報李。

和企業教練合作時

多數的企業教練輔導都會訂好確定的時間，因此，善用你們相處的時間格外重要。要做到這一點，你必須從訂出明確的目標下手。這通常由你和企業教練一起來做，並配合基本規則、時間限制以及特定的目標與成功指標。

你必須貫徹始終，言出必行。除非你全心投入，落實必要的改變以創造出讓你這一生都受用的成果，不然的話，和企業教練合作並無意義。如果做不到，你就會變成那種出現在健身房，一邊做著看來像是運動的動作，一邊聊天，但回家後卻發現沒有什麼改變的那種人。

艾爾波特提出以下的建議，有助於在和企業教練合作時提高成效：「重要的是，千萬別認為教練會代替你上場。教練的存在是為了替你豎起一面鏡子，讓你看到自己的行為舉止，好讓你能達成目標。和教練合作，必須是要你自己想要做，而不是主管認為你應該做的事。你必須想要在個人層面上有所成長，才能見效。」

知道何時該剪斷臍帶

有外部人士可仰賴是一件好事，但等到你太過仰賴對方，或者你已經成長茁壯到不需要這份關係時，就不是這麼回事了。到了這個地步，不管是單飛，或是另覓能幫助你走向下一個階段的人，都合情合理。如果出現以下這七個信號，可能代表你該放棄這段和明師或企業教練的關係。

【你該與職場師父揮別的七個信號】

1. 你並未達成預期要達到的目標
2. 你覺得自己已經不再成長
3. 你調任新職，但對方並非這個領域的專家。
4. 你害怕還沒有和企業教練或明師商量之前，就要先做出決定。
5. 你要拚命找話題講以免冷場
6. 對方回你電話的間隔愈來愈長
7. 你已經熟悉你一直在磨練的技能，現在已經可以指導他人了。

【重點整理】

- 企業教練不再是專門用於對付行為不檢的高階主管，如今，組織廣泛善用企業教練幫助高潛能的員工，讓他們能強化自己的領導技能。
- 和企業教練合作與和明師合作並不相同。在你開始尋找教練或明師之前，必須先明確決定你想從這份關係中得到什麼。一旦確定了，就會知道最好的進行方式是什麼。
- 明師是在沒有對價關係之下幫助你的人，你的責任是當你需要指引時，主動徵詢明師。
- 企業教練是在有對價關係之下幫助你的人，明確的目標，搭配雙方同意的基本規則、時間限制以及特定的目標與成功指標，是教練輔導關係的基礎。
- 選擇企業教練或明師時，務必確認雙方合得來，因為你要向對方透露的資訊個人性質很濃厚，因此這一點特別重要。你要尋找的對象是具有經得起驗證的紀錄、並且曾經幫助過別人創造出你想要得到的結果。
- 找到明師的管道很多，包括善用組織內正式的師徒制、在大型研討會上建立人脈、利用社交網路，以及搜尋大學校友會網絡。
- 培養師徒關係非常重要。要讓明師知道你的成就，並在這一路上表達你的感激。要尊重對方，僅取你所需，並做好準備，有機會時投桃報李。

常有人問我怎麼知道什麼時候該離開組織。關鍵在於觀察信號；有些很明顯，有些則不那麼明顯。第一個信號，是每次到了星期天晚上，你就開始胃絞痛，代表你根本不想去上班。到了星期天傍晚四點之後，你就會對自己說：「我不知道我還辦不辦得到（明天還能去上班）。」

另一個信號，是組織圖把你除名之際。這是我的親身經歷，在一位高階主管做簡報的時候，螢幕上跳出了組織圖，而我的名字不在上面。

其他的信號，包括你再也接不到有意思的工作，好差事都交給別人了。或者公司不再投資在你身上，你也不再有機會進一步發展自我。

——麥可・道得（Michael Dowd），峽谷圓環旅遊公司（Grand Circle Travel）前任執行長

第九章

代表「時間到！」的七大信號

向上管理

——知道何時該離開

為什麼我們很容易就知道身邊的某個人很快就會丟掉飯碗，但信號出現在自己身上時，卻毫不自知？也許當時你太忙著看著眼前的事，因此沒有注意到裁員的浪潮，而其中的一個浪頭到最後把你給捲走了。或者，當時的你正希望能扭轉已經變得太糟糕的局面。在多數情況下，根據你自己決定的條件離開總是比較好，因為你能控制結果；但是，有時候，最好的辦法是等待即將到來的風暴過去，這樣一來，當你離去時，就能夠得到慷慨的臨別贈禮。關鍵是，你要有目的而為，並能持續掌控你的命運。知道哪些信號代表未來可能會立刻出現一些改變，你將能因此創造出對你最有利的結果。

七大信號：時間到，你該走了

多年經驗教會我，當要發生變化之際，幾乎必會有代表改變的警示信號出現。以下是你的在職期間很快就要走到盡頭的七大常見信號：

信號一：你已經是個路人甲了

這種情況可能會以多種不同的方式上演，但結局永遠都一樣。過去你會受邀，參與討論高度機密議題的閉門討論會。最近，你注意到會議室裏的百葉窗拉起來了，但是，你是在會議室外面看到這幅景象。

我記得，我也遭遇過這種事；當時，我正面臨人生中的第一次資遣。因為在人力資源部門任職，因此我非常清楚組織裏有哪些人來來去去。然後，有一天，我再也無法獲得任何這方面的消息了，而我通常要出席的會議繼續舉行，但沒有我。回想起來，我該明白一定有什麼事，但我卻選擇做自己的事，假裝什麼事都沒發生。兩個星期之後，當我收到解聘書時，我的世界在一夕之間瓦解。

當威斯康辛大學河瀑分校（University of Wisconsin-River Falls）行銷溝通副教授翠西・歐康娜（Tracy O'Connel）還在企業界任職時，她從一位備受讚賞的明星員工（根據主管們的說法及人力資源部門的評鑑結果、升遷等等證據來看），變成顯然狀況外的路人甲。當她和主管本來要一起開的會紛紛取消，電話和電子郵件收不到回音，主管也慢慢地無法挪出時間給她時，她開始明白自己已經不在圈圈裏了。歐康娜說：「我坐在門外，希望能有個機會，也許問個問題、把某項工作的進度往前推進，我覺得自己就好像偷窺名人的狗仔。」

如果直覺告訴你有些事變了，但理智卻試著想要說服你，這一切都是自己「想太多」而已，那麼，這就值得你進一步探究。根據我的經驗，講到這一類的問題，直覺通常是對的。而這一點正可以說明，為何我們經常看到當某個人由警衛護駕、在眾目睽睽之下走出公司大門時，會一邊喃喃自語：「他媽的！我就知道！我早就覺得會有這種事！」

信號二：主管要你訓練「備胎」

雖然我們很難得聽到有誰真的被狂飆的公車撞倒，但是，在職場上我們常會聽到「我們需要再訓練一個人，以防哪天你被公車撞倒了。」這種話。這句話通常可以解讀成：「老兄，你要出局了。我要確定在炒了你之前，能找到別人做你的工作。」如果你身處這類險境，你有幾個選擇。你可以按照主管提的要求去做，不問任何問題，或者，你也可以湊出一套策略想辦法去找主管，進一步了解他為何會提出這樣的要求。在多數情況下，雖然第二項選擇顯然是更佳選項，但一般人都會選第一項，因為這樣可以避免衝突。

你之所以必須和主管開誠布公談一談的理由如下：假設你採用溫和理性而非對質的方式去找主管，並和他談一談你的顧慮。此舉或許可以開啟一場對話，讓你從中更了解，你可以針對哪些領域做出快速而徹底的改變，以避免收到提早退場的通知單。或者，你也許能協商出一樁雙贏的交易。我曾經這樣做過，如果做法適當，這套辦法確實有用。

多數主管會竭盡所能以避免開除任何人。解雇是一件讓人不悅的工作，也不會讓你的主管在同事和部屬（在某些時候，甚至是董事會）面前光彩出眾。因此，如果你從主管的觀點來看這個情況，你若能提出一個雙贏的解決方案，事實上是在幫他一個忙。

當現任者並未被告知自己的任職時間已經到時，在這種情況下，要找人遞補這個職位會比較困難。你可以向主管提案，建議未來這三個月內（或是你預計你需要的時間）你將會持續做好手上的工作，並同時彙整出一套詳細的工作程序手冊或訓練指南，以供後任者使用。你要提出你想留下來，並協助訓練要取代你的人（如果他寧願你不要留下來，千萬別在意）。回過頭來，你要請他准許你提出辭呈、讓你請假去面試，以及其他你能夠協商的條件，比方說，下個月發你應得的分紅。現在，你覺不覺得這樣做會讓你更握有力量，好過欺騙自己接下來六個月，公車輾過的中階主管人數可能暴增？

信號三：你的公司正在賠錢

公司的大老闆最近有沒有在辦公室冷暖空調系統上裝防護裝置、以省下冷氣和暖氣的費用？你現在是不是要從家裏自備辦公室文具，才能把公司裏本來放用具的櫥櫃填滿？或者，更糟的情況是，工廠現在是不是閒置下來，放無薪假的員工都在等待奇蹟出現？你的公司是不是失去過去唾手可得的合約？這些信號，都代表公司過去的光榮歲月可能已經離你遠去。

一家落入財務困境的公司，不大可能快速扭轉乾坤。你可能被迫要提早採取行動，如果你是家中主要負責養家糊口的人，尤其如此。走人不見得是壞事。通常，成為第一個離開的人，可以是很漂亮的策略行動。在你所屬產業或專業遭到其他求職者淹沒就業市場之前，你就先進去了。你可以先伸出試探的觸角，看看是否能得到任何回音。或者，你也可以如火如茶高調行動，一邊火力全開找新工作，一邊繼續待在公司裏賺薪水。

信號四：公司出現自己設下的障礙框架

產品經理唐諾・萊斯特（Donald Lester）提到一個很常見的兩敗俱傷情況：

「我們銷售團隊接到的要求，是每年要提高百分之二十五以上的銷量。問題是，我們的產能已經滿載，完成訂單的時間遠遠落後，客戶愈來愈生氣，紛紛離去。在這種條件下，如果你的薪水或分紅和銷售額緊緊綁在一起，那就該走了。局面不會好轉，因為高階主管不願意花費必要的資金擴充設備，反而只是玩弄一些小花招，比方說發出備忘錄，叫大家要更努力工作。在這種情況下，你絕對無法因為努力工作提高銷售量而賺到更多錢；這也是繼續向前邁進的時候了。」

經營企業的人不見得都博學多聞，而且，現今有很多領導者從來不曾體驗過，在經濟不景氣時工作是怎麼一回事。很多人會選擇保有現金，卻未充分考量這樣做長期而言代表什麼。犯下這種錯誤的絕佳企業範例，是現在早已不存在的電子產品零售商電路城（Circuit City）。當經濟景氣開始走下坡時，電路城決定要開除公司內三千四百名高薪（而且差不多也是業績最好的）業務代表，以縮減開支。此舉替競爭對手如百思買（Best Buy）打開大門，讓他們聘用這些出色的銷售專才並因此獲利。一旦開始這道死亡迴旋，就不可能終止了。

如果你已經不再信任組織裏高階主管做出的決策，那麼，這就代表該是時候，找一家你有信心明天招牌仍會閃閃發亮的新公司了。

信號五：你的公司正在併購

若遭遇併購，做計算看來容易，但是有很多人都錯估事情最後的結局。如果你是一位行銷主管，而被併購公司裏剛好也有一位行銷主管。新組織未來需要兩位行銷經理的機率有多大？如果我人在賭城，我會賭微乎其微。但是每天都有很多人想碰運氣，自認他們將能平安經歷過渡期，最後，發現自己根本毫無勝算而震驚不已的也是同一群人。

公理商業顧問公司（Axiom Business Advisors, LLC.）執行長吉兒・薇德（Jill Wade）在這一生中，看過太多併購案，她很清楚，當你發現你再也不用擔負清楚明白的職責時，也就是尋找其他選擇的時候了。薇德觀察到：「併購案中常有這種事；你變成多餘的。」

要開始為可能離職而做準備的時機點，是當公司發表併購案相關聲明之時。唐諾・萊斯特分享，有一次當他在一家正在經歷企業合併的公司工作的故事。關鍵人物飛抵他所在之地，宣告每一個人的工作都安全無虞。

「在發表聲明的三天內，你會注意到有些人不見了，而且這樣的循環不斷出現。在展開合併之前，我們的園區有超過三千名員工，當我離開時，我是剩下的七十五人其中之一，他們卻還不斷地告訴我們，說我們的工作都很穩定。」用你的大腦想一想，先做準備可能出現最糟糕的事，也不過是接到限時離職的通知時，你已經有了計畫、準備好走人了。

信號六：你的主管遭到開除

任何時候，只要在你之上有人遭到開除，一定就會引起騷動。有些人表現得很好，小心調適平穩度過一切，但有些人覺得自己隨時隨地都會墜機。如果你對這份工作還有興趣，你可以選擇留下來，等待這場風暴過去。

很重要的是，你要明白到最後外部的力量，很可能把這個選項從你手中奪走。當主管遭到開除時，會出現的情況如下：你所屬部門可能會和另一個部門合併，導致你這個位置也被取消。或者，公司可能會指派一位新主管，而他帶著自己的人馬上任。如果和前主管走得太近，最後很可能也會被要求離開。或者，你也可能會留下來，一直到你明白新主管不會和你達成共識為止。

信號七：公司裏已經容不下你

有時候，你領悟到你在目前這家公司已經待太久了。如果你在一家小企業或家族企業任職，你很可能很早就有這種感覺（當然，除非你和這個家族聯姻）。雖然對有些人而言，變動是很困難的事，但大部分的人在事後都同意，在適當的時點離開，是他們為自己的職涯所做的最明智之舉之一。

光榮退伍。還有，手上多張支票也不錯

如果你只能從本章中學到一件事，那請一定要記住：務必至少在兩周前發出離職通知。我不管你的新雇主給你多少壓力，要你明天就上班，也不管你有多想在離職時，好好壓迫一下前任主管，請務必發出適宜的事前通知。

當你剛剛晉身進入管理階層時，這個世界可能看來無限寬闊，但隨著你年紀漸長，你將會明白這個世界真是太小了。未來某個時候，你要找新工作。不管你喜不喜歡，都會有人聯繫你的前任主管進行徵信；如果人資主管發現你離職時，讓老東家面臨棘手的局面，那你根本不用進入徵信階段就直接出局了。

你一定要做好準備，在你離職通知書上所說的那天才離開。多數雇主在通知期也會支付你薪資，就算公司要求你不用在辦公室待滿通知期也一樣。如果你發現自己可比預定的時間更早去上班，你總是可以告知新雇主，把你的報到日提前。

公司政策可能會講明，當員工離職時有權利得到X、Y和Z項，但事實上，有很多人也同時拿到U、V和W。我的座右銘是，如果你不要求，就什麼都沒有。以下是一些你可以要求的項目：你可以要求在拿資遣費時仍列入公司的薪水帳冊中，這樣的話，你就能延長醫療保險的期間。你可以要求公司支付你現在正在上的課；雖然等你上完課時，你已經不再是公司的一員了。如果公司擔心你把這些問題訴諸法律，他們很可能樂於整合出一套離職配套方案，納入更多離職金，遠高於你一開始可以獲得的金額。然而，在多數情況下，他們也會要求你簽署一份離職協議，讓公司免除承擔目前及未來的責任。請注意：你在簽署離職協議之前，一定要和律師商量。

在職時準備好推薦信，以便日後用得上

一般人通常會在被開除時，問我如何準備推薦信，我會對他們說，在發生這件事之後，準備推薦信的難度極高。這是因為，重要的是，你要在離職前先準備好你的推薦信。當你還

在職時，你要問問主管是否願意幫你寫一封短信，讓你當成推薦信來使用。你要主動強調自己表現出色的領域，並請他把這些資訊寫進信裏。更好的做法，是你提筆撰稿供他審核。

許多人會認為，沒有人會真的把推薦信當一回事；畢竟，一個人有什麼理由會給未來的雇主看一封什麼都說，就是不說好話的推薦信？你是對的。這些推薦信的價值，在於它們會決定即將成為前主管者的心態。這位主管在寫過一封稱讚你是好員工的推薦信之後，還會不會嚴厲批評你？可能不會。比較資淺的人資主管可能會看看推薦信，並認定推薦信足以做為參考；大部分都不會再打電話給你的前任主管徵信，要求提供更詳細的資訊。

為何在你發出離職通知後，有些主管開始為難你？

通常，主管會在你發出離職通知後表現出敵意；以下幾個原因，說明為何會發生這種情形。

【發出離職通知後，主管開始為難你的六個原因】

- 擔心無法在短時間內找到取代你的人。
- 他可能擔心，一旦你離職之後，他的不適任會變得顯而易見。

- 他不知所措，無法想像要如何在他現有的工作量上，再多加你的工作。
- 擔心你的離職會對他的領導力造成負面影響。
- 覺得你拋下他了；你將走向更美好的局面，但他沒有。
- 覺得你背棄他了；也許正是你的主管幫你爬到目前的位置，但你現在卻要離他而去。

你可以看到，在這些理由當中，沒有一樣是真正和你有關。把你該完成的事做完，然後從容優雅地離去，一如你到職時。

離職前應該想清楚的幾件事

一般人會說，在你找到新工作之前，不應該辭掉目前的工作。我說，這必須視情況而定。如果你目前的工作要求很高，在職期間你根本不可能同時去找工作，那你可能需要在找到其他選擇之前先行離職。或者，如果你身處的環境已經是烏煙瘴氣，嚴重影響你的身心健康，那麼，請選擇你的人生。

基於某些理由，你可能會想要留到你找到另一個工作為止，包括以下：

【騎驢找馬的七個原因】

- 未來雇主很可能因為要你離開現任公司，而付你更高的薪水。
- 未來雇主願意配合你現在有權享有的假期。
- 你在市場上很搶手。每一個人都想要有別人擁有的東西，說到鼓動某個人離開競爭公司，更是如此。
- 你不用自掏腰包支付全額的保險費。
- 你的分紅閉鎖期快要到了；期滿後，你的退休金方案中將可以獲得更多的提撥金額。
- 你在這家公司待的時間可能已經很長，讓你有資格獲得其他的分紅或加薪。
- 惡劣的主管要離職，因而你可能會決定乾脆留下來。

是否應該在遭到開除之前主動辭職？

很多時候，雇主會擔心，其他人對公司裏有人被炒魷魚會有何反應。通常，主管會給員工另一個選擇，請他自行請辭，而不是直接解聘。辭職符合你的最佳利益嗎？答案取決於你如何針對離職這件事去談判。在許多情況下，如果你自行請辭，你就無法領取失業津貼。你能不能承受放棄這筆錢？這裏有一件事是很多人都不知道可以這麼做的：你可以接受辭職這個提案，但附帶條件是，公司不能反對你領取失業津貼。如果他們同意，要把這個條件寫下來。

要離開一個組織並非易事，尤其是你不是按照自己的條件或時間規畫離開。請善用每一次經驗，讓你自己變得更好。如果不曾經歷這些一夕之間成為新手主管的體驗，我不可能走到今天這個地步（成功地協助組織強化人力、產能，以及獲利能力）。

請記住，每一次的體驗都決定了你要變成什麼樣子，包括要變成什麼樣的人，和什麼樣的領導者。

【重點整理】優雅下臺，從容退場

- 在你的職涯中，通常會有一些代表你在這個職位「氣數已盡」的信號，這些信號包括：你已經是個路人甲；主管要你訓練「備胎」；你的公司正在快速沉淪當中；高階主管做出不當決策；公司正在進行併購；你的主管被開除；或者，公司裏已經容不下你。
- 當你離開公司時，可以拿到的不只有全勤獎金而已。想一想，你認為自己有權利獲得哪些東西，並開口要求；請記住，如果你不開口要求，那你一定什麼都沒有。
- 準備推薦信的時點，是在你需要用到之前。務必要求主管為你的推薦信簽名，就算你屬於非自願離職也一樣。請把事情簡化，好讓主管點頭。請自行提筆撰稿，以供主管審核。
- 理解為何某些主管會在員工發出離職通知後變得討人厭，可以幫助你在準備離職時仍能保持沉著鎮定。通常這種行為和恐懼有關，或是因為你的主管覺得不知所措而引起。
- 在理想狀態下，最好是在有另一個工作等著你的狀態下才提辭呈；但在現實中，這不一定辦得到。在你做出最終決定之前，要權衡找到下一個工作前先離職的利弊得失。
- 在簽署離職協議之前，一定要請律師審查內容。
- 每一次的離職經驗，都會決定你這個人，以及你要變成什麼樣子。請善用每一次體驗，重新定義你的未來。

現在，你已經檢視並演練過，為達成有效**向上管理**必須要做的工作，請接著檢視，你要做什麼才能持續成功地**向下管理**。

第二篇：向下管理

先尊重自己，才能尊重別人。唯有尊重存在時，才能用最好的方式，處理突如其來的階級與關係變化。

——艾倫．懷斯博士（Alan Weiss, PhD）

〈向下管理〉前言

唯一能控制的是你自己的行為

管理這件事看起來很簡單，不是嗎？你拿到公司給你的職銜，如果你夠幸運的話，還有一間專屬辦公室，而你就這樣上工了。你到處發號施令，然後舒舒服服坐下來，等到下一次再發出其他指令。當然，每一個人都完全按照你的要求做事，因為你是主掌大局的人。如果實際情況真是這樣，那麼，每一個人都會想當主管！

成為一位高效的主管，比我以上描述的情況要複雜得多。這是因為，**你唯一能控制的，是你自己的行為**。接下來本書的內容，我們要討論的，正是你需要具備哪些態度與技巧，才能第一次擔任主管就馬到成功，或成為一位能鼓舞部屬將潛能發揮到淋漓盡致的主管。

世界上沒有適用全體的管理模型，你必須嘗試不同的管理風格，一直到你找到最適合你這個人，以及你工作環境的那一種為止。在你整個職涯裏，你會發現，隨著你漸漸成長為一位領導者，你也持續地調整自己。

我的領導技能隨著時間不斷精進。我很清楚什麼時候必須搧風點火，什麼時候又該換成小火慢燉。這一路上，我承受該經歷的災難，但我把每一次狀況、每一個情境，都當成精進自身技能的好機會。請接受本書中之後陸續提出的建議，並善用你認為深得你心的元素。請試驗並炮製出你自己的成功祕方！

我絕對不會忘記我被丟進管理階層那一天。我以一名員工的身分走進辦公室，那天離開時，我成為高階主管的一員。以下就是我的故事。

我和主管關係密切，之前我就曾經和她在另一家公司共事過。當我發現自己忽然間在經濟衰退期失業了，她救了我，給我一份人力資源專員的工作。我們並肩合作，為一家商用不動產公司建立起一個第一流的人力資源部門，最後，這家公司掛牌上市。

我的主管顯然把她的工作做得很好，而且還能獲得層峰完全的支持，至少我認為她都做到了。事先全無任何徵兆，透露出會有一天我的主管前一天來上班、但隔一天就不見了。但是，在一九八三年的某一天，這種事確實發生了。

在一個陽光洋溢的春日早晨，我接到副總祕書電話，要我去他的辦公室。這有點不尋常，因為我從來不曾在直屬主管不在時被叫進副總的辦公室。我假設直屬主管人已經在那兒了，等著我過去會合。當副總把門關上，在我的主管出現之前就跟我談時，我完全措手不及。沒有多餘的廢話，他告訴我，我的主管已經離職了，這項變動就從前一晚開始生效。我們之間的整段對話就是這樣，沒有解釋，也沒有指示。我停了一下，好好想了一想。之後，我做了我認為任何二十四歲的年輕人都會做的事，那就是我要求獲得前主管的職位。當他准許我的要求，並且給我「人力資源部代理總監」這個職稱時，你可以想像到我有多訝異。六個月之後，我受到拔擢，成為正式的總監。

當我發現自己忽然之間要掌管整個部門，包括五位要馬上成為我直屬部屬的人，當時的感覺至今記憶猶新。我覺得自己像是坐在爬到頂的雲霄飛車上，等著向下俯衝。我很害怕，但也對於我即將要跳入的未來感到興奮莫名。如果你曾經被人拱上管理階層，你可能也體驗過同樣的感覺。

我把新官上任的九十天，專注於強化我的專業技能以能稱職。這是許多新手主管常會犯下的錯誤。以後見之明來看，我當時應該把這段時間，花在和組織內部的其他人建立穩健的關係，尤其是我團隊裏的那些人。

在過去二十五年來，我學到很多關於管理及領導的事。我的知識有些來自於正式的深造，但大部分都是在工作上學習，透過嘗試錯誤累積而來。你的管理之旅可能和我的不同，而在這一路上，你也將會犯下屬於你自己的錯誤。但是，至少你將會擁有一項我過去沒有的物品：一張可指引你的地圖，帶你安全走過這個名為管理的新領域將會面對的迂迴曲折。

——蘿貝塔．勤斯基．瑪圖森，瑪圖森顧問公司（Matuson Consulting）總裁

第一章

歡迎來到管理的世界

——現在，我到底在幹什麼？

恭喜你，一直以來，你是大家口中的超級黑馬，這一次，終於美夢成真了。現在，你已經變成名符其實的主管了，歡迎進入管理賽局的世界。

為了在這場賽局中贏得勝利，你得靠著自己快速找出賽局的規則，因為，世界上沒有任何一本劇本，可以為你量身訂做，設想好要能勝出成為贏家必須採取的每一步。也許，沒有劇本也是一件好事，因為，每次當你自認悟出這場賽局的奪勝之道時，局勢又為之巨變。比方說，多數經濟學家及商業人士都沒有預期到二〇〇九年的嚴重衰退。在這次衰退的前幾年，全世界大部分地方都在經歷強勁的經濟成長期。當各界領導者大致上可以用錢輕輕鬆鬆處理任何情況時，他們就更覺得管理這件事易如反掌了。

以下提出幾個範例，說明主管如何用金錢來面對管理議題，這是一種不大需要用到領導技能的策略。

如果有一位重要的關鍵員工說他要跳槽到另一家公司，主管可以提出有競爭力的相對條件，通常這一招都可以留住人。在一家企業裏，如果錢不是問題，主管可以遵循Google對待員工的模式，用優厚的福利吸引人才，比方說，公司請來駐點醫生及牙醫、免費的按摩和瑜伽、免費的五星級餐廳午餐，還聘來一位壽司師傅為大家現點現做。但是之後，賽局變了。全球各地的企業被迫勒緊褲帶，還要把組織裏無用的油水都撇掉，其中，包括每星期一次的甜甜圈下午茶。主管也無法再藉由承諾提供高額的福利激勵員工，他們還得儘快找出新方法，看看要如何才能用更少的資源做更多的事情。新的賽局已經開打，舊的規則已經不再適用。

唉，差幾年就差好多。以這個世界來說，大部分地方的經濟一片欣欣向榮，至於美國，近幾年許多城市的失業率都來到歷史低點。當企業界在尋覓聘用人才時，也再度使出渾身解數。重點來了：總會有公司提供比你的公司更好的福利或更高的薪水。不要絕望，這個世界非常缺乏好的領導者才。在最近發布的〈微脈動新年度員工報告〉（TINYPulse New Year Employee Report）中，有一千位美國工作者分享他們對於職場的新年新希望[1]。參與調查者被問到，他們最希望主管可以改變哪一點。第二高票的答案是，希望主管走人。這個回答和我在從事顧問諮詢實務上所見到的情況相符，很多充滿熱誠的員工效命的對象，卻是不知道該如何和員工搭起橋梁的主管，讓人在想起這些人時，完全沒有感恩或想念的心情。

你有機會成為在任何經濟環境下都如魚得水的主管類型。在經濟衰退期打包走人的主管，都但願過去他們能少花點時間用公司的有線頻道看足球，多花點時間在戰場上衝刺，帶領團隊創造勝利。且讓我們來檢視某些基本重點，幫助你以主管的身分打下扎實的基礎。我會和你分享一些方法，讓你在感性面和理性面都能打動員工，培養出如磁鐵相吸一般的緊密關係，讓你的員工願意跟隨你多年。

你突然當上主管

你能想到幾種職業，在這些領域裏人會在少有準備之下被趕鴨子上架，而且大家還期待他們能有優異的表現，彷彿他們在這個職位上已經坐了一輩子了？這種事顯然不會發生在醫界，因為，執業醫師必須花費多年時間，學習人體結構以及所有可能出現的問題。護士、醫生及醫技人員都必須完成實習課，並通過國家考試，之後才能動手治療或服務病患。這些專業人士每年也必須去上一定時數的持續進修課程，才能更新執照。又如專業技工，像是水管工人和電器師傅，都要從學徒的身分開始見習，之後才能學習技藝、考取執照、獨立開業。

在美國很多州，這類勞工還必須去上所屬領域的新課程，才能定期更新他們的證書。但是，說到成為主管，在你走馬上任之前，並不需要接受任何標準的教育或訓練。

擔任主管，可能不是每天都要和生死搏鬥的情境。但是，一步錯可能導致步步錯，讓你根本沒有機會重新再來。你最不想的，就是聽到主管一邊說：「離職時間，今天下午兩點。」然後一邊護送你和幾箱你的私人物品離開辦公大樓。

如果你正在閱讀本書，那代表你有一個好的開始，因為你已經體認到掌握自己的命運有多重要。由於經濟不景氣，管理訓練課程就跟公司提撥退休金的比例一樣大幅減少。你的主管們太忙著自己的工作（以及接手因為公司精簡規模與裁員之後加重的工作），因此難於提供有用的建議。要能成長茁壯，甚至只求能生存，你都必須自己去掌握重點。先讓我們從你新官上任的九十天之內要做什麼，來為你的長期成功奠下穩定的基礎。

新官上任九十天

讓我們打開天窗說亮話，「新官上任九十天是蜜月期」這個假設，實在是謬論，因為，當公司決定把這個職位給你時，不見得每一個人都無異議贊成這個的決策；或有人認為，這個職位原本應該屬於他們。不管是哪一種，很重要的是，你要謹記在心，公司裏有些人對於「幫助你成功」這件事情毫無興趣。但是，在多數情況下，只要你儘快鞏固自己的領導者地位，並向管理階層證明他們拔擢你是正確的決定，你就可以克服這一點。在本章中，我們會更詳細討論如何做到。

請記住，新官上任九十天將會為你成為主管的表現打好基礎，公司也會期待你要在這段時間內發光發亮、交出成績單。如果無法從一開始就打開動能，在剩下的任職期間裏，你就得面對吃力的上坡路。高效、老練的主管，知道九十天正是要努力工作的時間，以在組織內建立起有生產力的工作關係、累積可信度，並儘快累積你的勝利紀錄。

如何與老闆、部屬建立有生產力的關係？

問問任何高效的主管他如何能成功，你將會聽到他談起和他一起工作的人。這是因為，如果無法讓老闆、部屬都挺你、贏得他人的支持，進而建立有生產力的關係，你就不能成為一位高效的主管。否則的話，你將會發現自己處於領導的位置，卻沒有任何人追隨你的尷尬局面；或者，更糟糕的是，你必須試著在連自己主管也不支持的劣勢中運作。正因如此，從你被帶進管理階層的那一刻起，就開始建立有生產力的關係，才會這麼重要。

【快速建立良好職場關係的七大妙法】

1.相信我，關係必須建立於信任基礎上

你是否曾和你不信任的人一起工作過？也許這個人口中說的是一套，但他的行動或作為又是另一套。你可能會發現，你經常質疑此人的動機或意圖。

身為一位員工或同事，你有多願意去做這個人要求你做的事？如果你像大多數人一樣，你可能不樂於為了達成他的要求而焚膏繼晷。

關係必須建立於信任之上。沒有信任，就沒有承諾。能建立高度信任的領導者，會發現他們的員工願意不顧一切只求完成工作。也因此，你一定要投資必要的時間去建立起相互信任的關係，尤其是在你剛剛接手主管的前九十天。我們會在本書中討論影響員工的藝術（按：詳見第二篇向下管理第四章〈你想叫我做什麼事？影響員工、以獲得預期成果的藝術〉），再深入探究信任這個議題。

2.第一印象很重要

當你剛剛獲得拔擢時，你會興奮不已，這是人之常情。你希望站到最高處大叫，向世界宣告：「我升官了。」或者，更糟的是你在自己的臉書（Facebook）塗鴉牆上，鉅細靡遺貼滿你在工作上的偉大成就。拜託你，請壓下這股想要自賣自誇的衝動，因為，從現在起成為你直屬部屬的人，可能就在社群網站的朋友名單當中。你最不想的，就是在成為升官遺珠的同事傷口上撒鹽。如果你想要在新職務上有所成就，你需要他的支持，而不是敲鑼打鼓。

而這個時候，也正是大家都睜大眼睛看你表演之時。覺得有點焦慮再自然也不過了，但是，當你靠著自己獲得一些成功勝利時，任何的緊張都會煙消雲散。要有信心。你之所以獲選擔任這項職務，是因為別人相信你有能力、會想辦法把它做好。現在，請你上場，並留下良好的第一印象。想留下正面的第一印象，有一個方式讓你可以使命必達，那就在你打造高效團隊時，要多提問並廣納員工意見，你要成為以真正傾聽他人意見及觀點聞名的人。

佛羅里達州奧蘭多市實現顧問集團（Actualize Consulting Group）的總裁麗莎・布洛許（Lisa Broesch），回憶她第一次突襲闖入管理階層的經歷：

二十四歲時，我獲得拔擢，在一家《財星》雜誌評選為前五十大企業中，獲得「代理主管」的職務。我之前從未擔任過主管，而且，這次完全跳過「小組長、助理主管」這些職務。一開始，我幾乎沒有獲得任何指引或訓練，只有人叫我要「摩拳擦掌大展一番拳腳」。這絕對是一大挑戰，這幾年我在領導「風格」上嘗試錯誤並遭受挫折，之後才終於找到一套非常有效、也符合我的個性與價值觀的管理方式。如果在我職涯發展之始就能有一套有效的指引，那會是多棒的一份大禮！

3.跳進戰場

你可能聽過一種謠傳，說你一旦躋身管理階層，你就不需要再做任何現場第一線的工作了。這可能是真的。但是如果你能讓團隊知道你願意和他們並肩作戰，以達成部門目標，那你很快就能贏得大家的敬重。這種做法，也是了解員工長處與缺點的絕佳方法，因為你可以親眼見識到他們的工作，而不只是仰賴人事檔案上的批評建議。

躲進你自己的新辦公室裏，謀畫攀登企業天梯的下一步動向，或關起門來，要求現在你負責的部門銷售額要提高百分之十，這雖然是誘人的選項，但是你最好把時間花在大家看得到的地方，而且想辦法要團隊成員提供意見。在你做出結論、認定部門設定的目標不可為之前，你會想要先從實際做事的人那裏獲得一些資訊。

站起來，遠離你的電腦鍵盤，你將會對學到的事物感到驚訝無比。即便是全世界最聰明的電腦，也無法給你一張清楚的圖解，描繪出部屬真正的想法，以及他們有能力做的事。納入他們的意見，將能幫助你建立起穩固的關係。

4. 尊重，就是「己所不欲，勿施於人」

聽起來可能清楚明白，但在這個步伐快速的世界裏，很多主管都是大聲咆哮發號施令，而不是以尊重有禮的態度要求員工做事。自信的領導者不需要對員工吼叫，才能讓他們有所行動，也不需要在別人面前生吞活剝部屬，好讓團隊其他人清楚聽到他要傳達的訊息。

想一想，在你所屬組織裏讓你尊敬的人，寫下幾個足以描述此人管理風格的詞句。我猜，「尊重」一詞，一定會出現在你的清單中。現在，再想一想，組織裏素來以恐懼做為管理手段的人。哪一個人完成的工作比較多？你認為，哪一位主管能讓員工自願加班或假日時來上班，以能完成專案？比較可能的情況是，尊重員工的主管會出線。他可以達成的目標，可能大幅超越無法贏得員工尊重的主管。

5.管理風格要有彈性

你可能會認為，現在既然是由你做主，員工就要調整他們的工作方式來配合你。但是，相反的做法才是對的。高效主管已經學到（有時候是從痛苦中習得），他們必須調整自己的管理風格，才能建立起有生產力的關係。以下這個範例，正可說明我要說的意思。你可能喜歡藉由來回傳送電子郵件的方式來進行腦力激盪，一直到提出所有可能的選項才罷休。但是，有些員工可能必須在會議或網路上借用他人的能量，才能想出最棒的點子。如果繼續發送電子郵件給這些人，你可能會發現，到最後只有一個人點下回覆鍵，那就是你自己。如果你一直強迫部屬進行調整以適應你的風格，你會看到大家不耐煩地轉動眼球，沮喪受挫的程度不斷升高，而且寶貴的時間就此浪費了。

另一種替代做法，是在你和團隊的不同風格之間找到平衡。你可以要求團隊成員寫下五項最佳建議，並用電子郵件傳送給你，之後彙整編輯成一張清單，在你排定要來討論專案的會議上，可以用這張清單增進對話。這種方法可以讓你的員工知道你願意和他們妥協，而這正是我們為了能維繫健全關係必須常做的事。

6.多聽少說

你有沒有注意到，有些主管說得多、聽得少？無怪乎員工的生產力節節下滑！想像一下，如果我們多聽一點、少說一點，可以減少會議次數。試著少說多聽，你立刻就能獲得員工及組織內部其他人的尊重。

對某些人來說，這樣的改變可謂一大挑戰。下一次又要開會時，每一次當你有衝動在別人分享意見時想要打斷對方，或者，更糟的是，當你想接聽手機時，就在紙上打一個勾。（警告：這項練習，可能會用掉不只一張紙）

人都喜歡和出色的傾聽者談話。當你在組織裏往上爬，當你和重要客戶與高階主管團隊成員互動時，傾聽這項技能都能為你帶來好處。

7.協助他人發光發亮

身為員工和身為主管的最大差別之一，是你的績效要用不同的方法來評量。評量員工的方式，是評量他們所做的工作。主管績效評等中，有一大部分將會以**他鼓舞部屬創造傑出表現的能力為基礎**。

身為一位主管，你的焦點應該放在確保聚光燈會打在對於團隊最有貢獻的人身上。要辨到這一點，你可以讓客戶或組織裏的其他人知道，想出改善客戶處境好點子的，是你的員工，而不要讓大家假設這個點子是出於你。如果你這麼做時，不僅能拉攏部屬，也能讓你贏得更多分數。記得要感謝、獎勵以及讚許這些助你成功者的貢獻，讓他們能繼續受到鼓舞，為你奉獻所有。

建立可信度

有些主管錯誤地認定可信度會隨著主管的頭銜自動出現；不再位居管理階層的人，也剛好是這同一群人。在《韋氏辭典》（*Merriam-Webster Dictionary*）中，可信度（credibility）一詞的定義是「激起信念的特質或力量」。人們可能相信你在技術或實作很有能力，但是，現在你必須證明，你擁有成為高效領導者必備的要件；可信度必須靠你自己持續掙得。

一般人通常都是用很痛苦的方式才悟出這個心得，尤其是那些因為專業技能、知識或銷售能力而獲得拔擢的人。當這些人獲得升遷後，可能會繼續依循以往的方式運作，彷彿自己做的仍是衝鋒陷陣的第一線工作。他們仍是技術專家，或者，當他們手握超級業務員獎盃在組織裏繞場炫耀時，仍會深吐一口氣，抒發凡事親力親為的疲憊。

不用說，你當然必須深入了解營運面才能夠進行管理。但是，埋首苦幹已經是過去式了。現在你已經成為主管，當你向前邁進時，必須專注於將你自己塑造成一位具備可信度的領導者。

創造可信度

你必須相信自己能巧妙拿捏管理這門藝術，否則的話，別人又有什麼理由要相信你？請把你肩上對著你喋喋不休說著負面話語的小人拋下，並為成功做好準備！以下有些方法，可以幫助你快速建立可信度。

【四種建立可信度的方法】

1.做自己

我的意思是，你要坦白真實。不要嘗試模仿這個職位前任者的風格和個性，不然的話，別人就會質疑你的真實度。相反地，你要仰賴助你走到這個里程碑的優勢，藉此建立可信度，並以專業技能與你為這個職位帶來的價值，替自己留名。

不論前主管在組織裏多受人敬重，你都要抗拒完全複製成他的誘惑。模仿主管的效果可能會事與願違，因為大家會把你當成前主管的延伸，而不是把你這個人視為領導者。然而，採用你從前主管身上學來的最佳做法，並加以調整以切合你自己的領導風格，並無任何不妥。

2.要坦誠

失去可信度最快的方法，就是有人抓到你說謊。因此，你為何要犯下這個可以避免的錯誤，甘冒風險承受可能會失去努力工作累積起來的一切？沒有人期待你完美無缺，但他們都期望你坦白誠實。如果有人問起一個你沒有答案的問題，你只要實話實說就好。讓提問的人知道你需要時間去研究答案，並設定一個回覆的時間。如果你到了你同意完成後續追蹤的時限，還找不到解答，那麼，就讓對方知道你還在找答案，而且你會儘快回覆。遵守你要回覆的承諾，這樣做可以幫助你博得好名，成為願意回應部屬的領導者。

3.花時間和員工肩並肩做事

和員工一起動手做，能讓你體驗到處在他們的立場有何感受。你會親身看到他們在工作上每天要面臨的挑戰。你要抗拒誘惑，不要貿然針對他們要怎樣才能把工作做得更好提建議。你反而要請他們主動開口，看看他們需要什麼協助才能更加成功。

之前擔任餐廳經理的德瑞克・海耶斯（Derrick Hayes）很幸運，忽然間成為一家速食餐廳的管理階層，這家公司相信，主管必須學會每一個營運面向，才能有效管理自家的店面。海耶斯從負責烤箱展開他的餐飲管理生涯。這個經驗讓人變得謙卑。海耶斯說：「我的員工都知道，我很清楚餐廳裏發生的事，因為我有過和他們並肩工作的經驗。」這一點讓海耶斯更輕鬆就能贏得員工的敬重。他的部屬知道，餐廳裏面沒有哪一項工作是他沒做過或做不來的。這就是你和團隊建立起可信度的方式。

4.言行一致

這個問題比大多數人認知到的更嚴重。根據一九六七年，由加州大學洛杉磯分校（UCLA）教授亞伯特．麥拉賓（Albert Mehrabian）所做的研究，在溝通效果之中，由非口語線索決定的部分，最高可達百分之九十三。非口語溝通的範圍，包括從面部表情到肢體語言。有些專家主張這個比率落在約百分之七十左右的範圍。而且，大家似乎都同意，肢體語言在溝通當中扮演的角色，遠比口語溝通更為重要。

在和其他人溝通時，請多多注意你的肢體語言及語調，以保證你試圖傳送的訊息，就是其他人接受到的訊息。比方說，假設你問一位員工，他認為要怎麼做才能解決導致延遲推出新產品的品質問題？在對話當中，你卻轉過身去，檢查你手機的未接來電。你認為這位員工接受到什麼訊息？鑑於他觀察到的行為，這位員工繼續做研究、並針對這個問題提出可行解決方案的機率有多高？

現代主管面臨會讓他們分心的事物，遠比他們追隨的前輩要多更多。人們早已證明，電腦和智慧型手機是職場的雙面刃。這些3C科技產品絕對可以提高生產力，但它們也大幅改變人們對於期限及回覆時間的期望。

當我首次晉升主管時，電腦才剛剛出現在桌面上，電子郵件也才開始流行。家用電腦很少見，如果在周五傍晚時才送出電子郵件，沒有人會期待周一早晨前能收到對方的回應。時至今日，主管是全年無休、隨時隨地收取電子郵件及簡訊。對方收到後會即時回覆的預期心理，對工作職場的對話品質造成重大影響。有多少次，對方在和你交談時停下來接聽手機，或是查閱剛進來的簡訊？有多少次，你必須在面對面的談話中轉過身去，檢查出現在手機螢幕上的來電者是誰？不論是有意為之或無心之舉，這些行為都是向正在和你談話的對方送出混合的訊息。這些行為，稀釋你努力想傳達給眼前這位員工的訊息。

你想要打造出一支團隊，讓每個人都覺得備受重視，你的企圖可能會因為你每天表現這些行為而徒勞無功。下一次，當你的電腦或智慧型手機出現「叮咚」聲時，請想一想這件事，然後調整你的行動。你有一整天可回覆這封電子郵件，甚至還可以熬夜加班，但是，你能和眼前這位部屬談一談的時間，卻非常有限。

自我評估可帶出生產力的關係

這份自我評估的用意，是要幫助你更了解自己的領導力技能。知道自己的優點、缺點，有助於你判定要專注在哪些領域，才能和你的員工、同事，以及組織中位置高於你的人建立起有生產力的關係。

請針對表1-1每一項敘述，選出可以代表你答案的數字：

表1-1　了解自己的領導力

評估項目	同意	有點同意	不同意
得分	3	2	1
1. 在對話中通常都是我在說。			
2. 少了他人的支持，我仍能成功。			
3. 我的技術／營運知識，給我在管理上能有所成就必備的**所有**可信度。			
4. 我會先分享自己的想法，之後再要求他人提供參考意見。			
5. 我是團隊裏最聰明的人。			
6. 我的壓力繁重，被迫要做部屬的工作。			
7. 我的溝通方式是根據我的喜好，而不是根據和我溝通者偏好的方式。			
8. 要去尋求部屬的建議會讓我猶豫不決。			
9. 當別人和我談話時，我會同時多工處理其他工作。			
10. 我以讓人害怕聞名。			

評分：把你所有的分數加起來，看看你的表現。

- 如果你的總分介於10分到15分，那代表你有一個好的開始！
- 如果你的總分介於16分到20分之間，你的表現還可以。你可能想要多注意一些點，否則的話，你就會在這場賽局中出局。
- 如果得分為21分到30分，那代表你必須立刻採取行動改變自己！

註：任何得分為3的個別項目都值得你更密切注意。比方說，如果你同意「我以讓人害怕聞名」的敘述，那就值得你去檢視一下，看看你的管理風格中，哪一個部分讓別人對你有這種感覺。以「讓人害怕」聞名的人，將會直接影響你為團隊吸引、激勵與保有頂尖人才的能力。

【重點整理】做好新官上任的心理建設

- 你一定辦得到！有很多人也是突然當主管，他們不僅生存下來，更能成長茁壯。
- 沒有「新手主管九十天蜜月期」這種事。新官上任九十天這段時間，正是你必須交出成果，展現層峰拔擢你是正確之舉的時候。
- 在上任九十天之內，把你所有的心力聚焦在建立穩健的工作關係上面。
- 讓你得到這個職位的專業技術與知識，不見得能讓你繼續留在這裏。你已經樹立起形象，證明你在技術上很稱職，或是擁有深厚的營運知識。現在大家都在等著瞧，看看你會成為一位多麼值得他們信任的主管。
- 你的可信度是以你是否言行一致為依據。不然的話，將有損你的可信度。
- 可信度不是你一夜之間就能掙得的東西，但你卻能讓一切毀於一旦。要謹記，你說的話和你做的事，對於他人看待你的觀點有直接影響。

我獲得拔擢，從「超級黑馬」的個人貢獻者，變成銷售管理階層的一員，銷售領域常常會有這種事。我沒有任何真正的計畫，沒受過管理訓練，也不知道實際上要如何打造出團隊合作的環境。最後的結果並不妙。我很容易從在交易中指導業務人員的角色變身，成為直接接手交易的人。你可以想像，這樣做並不能促成任何真正的學習經驗，對於打造團隊當然也沒有好處。

——凱斯・杜克斯（Keith Dukes），清晰顧問公司（Clarity Consultants）業務開發經理

第二章

向下管理

從我到我們

——重點真的不在你身上！

就算是明星四分衛，像是新英格蘭愛國者隊（New England Patriot）的湯姆・布拉迪（Tom Brady），也了解一個事實，那就是背後如果少了一支實力堅強的隊伍，自己是不可能持續得分的。同樣的道理，放在管理也成立。那麼，為什麼有這麼多喜獲升遷的主管，無法從「目光焦點就在我身上」的心態，轉換成為「目光焦點在我們身上」？

我親眼見過這種情況很多次，看到新手主管埋頭苦幹在戰場上衝鋒陷陣，也不回頭看看後面還有沒有人跟著。最後的結果當然總是一場災難。在某些情況下，主管還有能力從這次的失誤中恢復。但是，每當有一個人復原，冷板凳區也會多了兩個永遠沒有機會上場的人，或者說，至少不是為同一支團隊效命。

為何要激發員工的敬業精神？

由蓋洛普（Gallup）及其他機構所做的深入研究，在在顯示敬業度高的員工，可以帶來更高的生產力及獲利能力，提供高水準的客戶服務，當其他公司以重利引誘時，也比較不會離職。就我們的討論而言，敬業的員工指的是，對工作懷抱著情感上的聯繫並許下承諾的員工。他們受到激勵，願意為了手邊的工作與任務付出一切，根本不需要其他人耳提面命。

身為一位新手主管，你有機會打造出讓員工高度敬業的職場環境。當你這樣做時，你就是在打造一支有生產力的團隊；在這裏，人員流動是其他主管才會面臨的麻煩事。

我知道，有些人認為，自己根本無力回天，無法扭轉一開始接收的一盤散沙。如果你抱持這樣的心態，那麼，你可能是對的。但是，對於那些相信自己可以辦到決心要辦到的事的人，以下這個案例證明這是辦得到的。

貝瑞・馬賀爾（Barry Maher）是總部位在加州海倫戴爾（Helendale, California）的貝瑞・馬賀爾事務所（Barry Maher & Associates）創辦人，他曾在一家財星百大企業中擔任銷售經理的職位，當時有人告訴他，他領導的是前一年部門裏才成立的新單位。上任時，他發現最頂尖的業務人員最近調走了，而這個六人單位中，還有三名是正在掙扎求生的新手。「必須大幅提振團隊士氣，才能勉強到達及格邊緣的地步。」馬賀爾說，「在我第一次和新單位會談時，我告訴他們，一年內，他們將成為當地第一名的單位。不到一年，他們就做到了。」當我問起他如何提振士氣、強化員工參與度時，馬賀爾回答說他沒做什麼事，而是他的員工做了些事。他說：「我只是讓他們有機會做得到。」馬賀爾的做法是：

【激發員工敬業精神的七種方法】

1. 展現對員工的信心：馬賀爾清楚地對團隊說，他真心相信，他們每一個人，還有整個團隊都有能力做到最好。之後，他表現出來的行為，都在證明他說的是真話。

2. **表達對團隊的忠誠**：他為他們奮戰，在部門內及整個公司內支持他們。他心心念念的，都是他們的最佳利益。

3. **為員工奮鬥**：馬賀爾的行動信念，是他來這裏，是為了要用盡一切方法讓他們成功，並支持他們。

4. **針對員工的成就讚美或獎勵**：他也會確定公司也會這樣做。

5. **打造團隊心態**：除了定期要做的訓練之外，馬賀爾還訂下一套指導方案。他會確定，每一個想要或需要協助的人，不會孤伶伶地獨自面對問題。

6. **創造失敗也沒關係的氛圍**：在這個過程中，他明白，**除非他先克服自己對於失敗的恐懼**，否則他將無法協助團隊克服他們對失敗的恐懼：「如果我害怕失敗，他們也會怕。」

7. **寓工作於樂趣之中**：他把讓工作及客戶服務變得有趣當成優先事項。馬賀爾說道：「我們會舉辦各種比賽，有些很認真，有些很好玩。喜歡自己所做工作的銷售員，將能夠提高銷量。」

你的員工屬於哪一種類型？

你的員工敬業度高嗎？請用以下這些問題評估每一位員工的敬業度。

【七個問題，評估員工的敬業度】

- 這位員工的績效是否一直都維持在高水準？
- 這位員工是否展現出他非常明白，這個職位應該要交出哪些成績，以及要如何融入組織其他部分？
- 這位員工是否願意挑戰現狀，以創造出色的佳績？
- 這位員工的行為舉止，是否表現出高度的熱誠與活力？
- 這位員工是否總是在尋找方法，針對他受到指派的任務增添附加價值？
- 這位員工的行為是否持續指向他願意為組織目標、團隊成員以及自己的職責角色付出？
- 這位員工是否認為他有能力開創不同的局面？

表2-1　員工三種敬業類型

類型	特色
高度敬業	這類員工對組織感受到高度的使命感，他們願意超越職責範圍，推動組織向前邁進。
中度敬業	這類員工去做公司要求他們做的事，但不會多做。如果有人盯得緊，他們會大幅向前推進，一旦壓力釋放之後，馬上又會洩氣。
心不在焉	這類員工都是把事情做完而已，卻沒做對、做好，而且有人也跟著有樣學樣。他們會損害那些敬業者做出的貢獻與進步。

現實的檢驗

過去幾年，管理是一條崎嶇不平的坎坷路。主管們被迫戴上頭盔，拚了命要從高階主管的糟糕決策或經濟現況造成的坑洞中脫身。因為經濟疲軟、凍結調薪或大幅減薪、員工壓力大或各種因素綜合，我每一個客戶都曾經歷企業瘦身這種事。他們都必須用更少的資源來做更多事。但是，每一天他們都還是會走進辦公室，繼續努力向前邁進，達成使命與策略目標，提供卓越的客戶服務及保持高度的生產力，以求在這些艱困的時候能生存下去。有些人的表現會比別人好一點。以下這個範例，是一家堅持走在正軌、拒絕讓經濟景氣影響他們以敬重之道對待員工的企業故事。

家族企業溫斯頓花藝店（Winston Flowers）是我的客戶之一，這家公司非常了解如何建立可延續一輩子的關係。這家公司創立於一九四四年，從波士頓的紐柏麗街（Newbury Street）的手推車流動攤販，一直到成為一家波士頓的代表公司。這家公司認為，每一次與新的聯繫對象接觸，都可能變成長期的關係。在溫斯頓花藝店，員工受到的待遇就像是家人一樣。共同老闆泰德・溫斯頓（Ted Winston）說：「我們有很多員工都和溫斯頓一同成長，二十多年來一直是我們家族中的一份子。我們總是費心尋覓人才，並且發現人才就藏在來自不同背景的人們之中。我們很高興，也很自豪，能看著這麼多富有創意的人不斷進步，最後成花藝界的領導者。」

溫斯頓給新手主管以下六個明智的建議，幫助他們和員工之間培養維持一輩子的關係：

【與員工培養良好關係的六個訣竅】

1. **讓每一刻都變得重要**：務必盡你所能，發揮影響力創造出正面的改變。
2. **以身作則**：表現出你期望員工表現的行為，但你也必須了解，你的角色和員工的角色不同。
3. **確定你用對了人**：聘用適合的人，訓練可以培養技能。當你找到適當的人選，很重要的是要歡迎他們並提供有用的指引，讓他們可以立即融入你的企業文化中。
4. **了解員工的優點**：以優點做為成長的基礎，而非缺點；你會因此獲得更高的報酬。
5. **確保每個人都知道你要達成的目標是什麼**：這一點可以幫助你讓每個人朝著同一個方向邁進。
6. **把時間投資在優秀的員工身上，讓他們變得更好**：泰德・溫斯頓曾經把時間浪費在不適當的人身上，以後見之明來看，這些人絕對無法在他的公司裏有成就。現在他會著重在那些有能力，而且渴望將公司帶到更高境界的人身上。

高度敬業的員工創造出的力量，可以抵禦任何經濟風暴。請記住，這些人不計一切代價，超越內部及外部客戶的期待。敬業的員工懂得自動自發創新，而不只是照章行事。創新，將有助於你的組織從競爭當中脫穎而出。雖然你可能無法直接掌控公司裏的高層決策，但知道自己握有力量，能帶動部屬的敬業程度，你應會感到高興。

研究證明，對員工來說，最重要的關係是他和直屬主管之間的關係。這是讓員工會留在公司裏的最重要關係之一，而且也是員工離職理由排行榜的前幾名。重要的是，要注意吸引一個人來到一家公司的理由，和讓這個人留在這家公司或促使這個人敬業的理由，兩者可能大不相同。比方說，在徵才時，薪資通常是一大考量，但是，員工很少因為這個理由而決定要留在公司裏。領導者穩健的作為與雙方之間健全的關係，是把員工留在工作崗位，並讓他們敬業樂群的理由，就算當公司無法加薪時，照樣能發揮效果。

邁向敬業之路

全球首屈一指的專業服務公司韜睿惠悅（Towers Watson），在十八個國家針對近九萬員工進行調查，內容著重在影響吸引人才、留住人才及員工敬業的驅動力量。韜睿惠悅的董事總經理茱莉．格鮑爾（Julie Gebauer），提供了一個非常有趣的觀點來看敬業與領導之間的關係。格鮑爾說：「敬業是一條雙向道，企業基本上是『十字路口的交通警察』，指引人們應該往哪一個方向。」你採取的領導風格，會影響到你的員工最後要踏上路的哪一邊。

你可以用來提高員工敬業精神的三種方法

就像貝瑞．馬賀爾證明的，主管有很多方法可以從個人面向上影響員工的敬業程度。根據韜睿惠悅的研究，最能影響員工敬業態度的最重要行為包括以下三種：

1.員工覺得他們對於所屬部門的決策也有貢獻

在做出決定，實施會直接影響員工的改變之前，你是否會先請員工提供參考意見？你是否會常常貶低別人所說的話，然後按照自己的意思一意孤行？或者，大家都知道你是那種會去找最了解手邊任務的人，請對方提供建議的領導者？

多數人都想要把工作做好。你可能不見得一直這樣想，但是，就大部分時候來說，情況就是這樣。你的員工也會希望能感受到，他們能掌控自己的工作。如果感覺不到，他們就會只做別人要求他們去做的事，絕對不會主動多做一點。我們在小孩身上常常見到這種情況：小孩通常不能控制事情要怎麼樣做。就像是如果你要一個五歲小孩把玩具撿起來，他會照做，並且踏過他姊姊在前一回合的破壞行動中留下的玩具。他去做別人要他做的事，但是，不會多做什麼。難道說，這是你想為員工營造的環境嗎？

2.過去一年，員工覺得他們有機會強化自己的專業技術和工作能力

成為一位新手主管，可能會讓你興奮莫名，因為你很有機會去體驗何謂在工作中成長。去年一年，你學到許多新技能，你的能力當然也更強了，否則的話，你得到的升遷早就落入了別人手裏。現在，你難道不希望團隊裏的隊友也有同樣感受？想像一下，透過這種層次的激勵，你的團隊一起達成使命，這將是多棒的事。

說到管理，世界上沒有一套一體適用的方式。要知道個別員工需要哪些才會覺得充實，是一件很困難的事。因此，問問團隊你能做哪些事來為他們提供最大支持，會很有幫助。對某些人來說，他需要的可能是獲准去上訓練課程。對其他人而言，可能是需要更多的在職訓練。如果你准許他們提出的要求，補助他們在本地書店購買的產業用書，團隊裏的某些成員可能就會因此感受到你願意投資他們。

3.員工強烈感受到管理階層能為他們謀求福利

你可能認為，部屬應該知道你會將他們的最佳利益放在心裏，因為只要是身為管理階層

的人都應該這做。但是，在大多數人的職涯中，某些時候，他們都曾經效命心中只在乎一件事的主管，這個人只關心他在企業的升遷天梯的下一步動向。這些員工可能見過或曾為這種平步青雲、不在意部屬利益的主管工作過。員工無法知道你的風格是否和他們經歷過的不同，除非等到你證明給他們看，就像貝瑞．馬賀爾所做的。而這也就是言行一致為何這麼重要的理由。

馬賀爾做到了這一點，他花時間詢問每一位員工的長期及短期目標，之後，他會確定當他提出要求時，他有強調這件事會為特定員工帶來哪些益處。花時間傾聽，並了解你要如何做才能給員工最大的支持，然後去做為了幫助他們達成目標必須要做的事，送出訊息給部屬，讓他們知道你念茲在茲關心他們的最佳利益。保護部屬、協助他們達成目標，是另外一種證明你會支持他們的方法。其他向部屬證明你會全心奉獻以促成他們成功的方法，包括鼓勵他們繼續培養專業，給他們在工作上自我磨練的機會，以及要勇於告訴你的主管，在某些條件下，沒有更多資源就要完成更多工作，是辦不到的。

年輕的、煩躁不安的，以及心不在焉的員工

如果我告訴你，我真的相信你能讓每一個心不在焉的員工都走過十字路口，走到正確的

這一邊，我就是在說謊。那麼，你要怎麼樣去面對這些人？

首先，我要先告訴你，你不能對他們做哪些事，因為，我一而再、再而三地看到這個錯誤出現。你不能忽略他們，必須要他們二選一，自己想辦法改變，要不然就自行離開。對組織而言，他們可能仍有附加價值，但是，他們很可能會成為組織裏的汙染源，用他們的毒氣加害身邊的其他人。

大部分的人，都曾在生命中某個時點，對工作不再抱有任何希望。我們很可能會讓身邊的人了解，為什麼我們會落入這般悲慘境地。我們會毫不猶豫大談管理階層有多糟糕，抱怨我們得到的待遇有多慘。有時候，如果真的氣到極點，我們還會讓客戶也知道這一切。我們可能不是故意這樣做，但我們的行動卻讓消費者及客戶明白，服務他們是我們心裏最不想做的一件事。

唯一比心不在焉的員工更糟的，可能就是心不在焉的主管。如果你發現，在你任職的組織裏，高階主管或老闆顯然心不在焉，那我建議你另謀高就。因為如果你試圖想在這種情形下，打造一個讓大家每天都樂於前來上班的環境，你將會害慘自己。

先讓我們假設你手下有一名心不在焉的團隊成員，這位狀況外的員工無法再感受到和雇主脣齒相依的關係。而引發這些負面感受的原因，是在升遷時被忽略，並且發現與從事同樣工作的人相較之下，自己的薪資偏低，或是員工和同事或管理階層當中的人有歧見，對於管理階層失去信心。或者，他對於可能發生的改變感到恐懼，比方說裁員或合併等。

你愈早找出顯示心不在焉的徵兆，你就愈有可能解決問題，防止情況進一步惡化。了解員工如何及為何會逐漸失去熱情，開始變得心不在焉，可以幫助身為主管的我們尋找方法，看看如何才能挽救這層關係。心不在焉的員工，通常會在對待工作及他人的行為及態度上，表現出引人注目的改變，以下有五個信號，顯示員工和組織的關係可能已經日趨淡薄：

【發現員工心不在焉的五個信號】

1. **原本可靠的員工現在變得無法倚重**：有問題的員工會開始遲到，或者突然間開始請病假。或者，過去每天都在自己的辦公桌吃午餐的員工，現在開始外出用餐，想辦法拖延回辦公室的時間。
2. **員工不再貢獻想法**：過去經常表達意見、總是樂於分享觀點的員工，現在，開會時卻沉默地坐在不顯眼的角落，任由他人發言。當有人徵詢他的意見時，他也只是聳聳肩膀，像個局外人似的。
3. **重要的員工不再自願參與專案**：假設你有一位員工素以要求承擔額外工作聞名，忽然之間，他不再自願這麼做。
4. **原本會全力以赴完成工作的熱血員工，現在只付出最低程度的必要貢獻**：這位員工僅做最少的工作，只求交差了事，勉強過關就好。

5. 過去參與公司聚會的員工，現在不出現了：這位員工正試圖拉開自己與雇主之間的距離；他已經不希望再和一同共事的人有關聯。

有些人面對的情況，可能是必須從遠端管理你的員工，因此你無法親自看到這些信號。或者，你可能還不善於讀心術，因此，你錯失了經驗豐富的主管輕易就能看出的行為改變。若是如此，你要如何才能防範員工變得心不在焉？定期坐下來面對面或透過電話和你的直屬部屬談一談，並問一問開放型的問題，例如：「最近還好嗎？」然後再問：「大致的工作情況你覺得如何？」

仔細傾聽，並特別注意他們在回答你時使用的語調。他們的答案很唐突嗎？或者，就這些重重壓在他們心上的問題來說，他們願意相信你嗎？他們是否給你機會，讓你開啟一場最後能帶領他們歸隊的對話？

和中度脫節的員工重新建立關係

當你面對一位行為已有改變的員工，或者你相信他正開始變得心不在焉時，拐彎抹角已經沒有用了。請這位員工到你的辦公室，和他針對你的觀察進行一次私下對話。（切記！對話中不要提到你聽來的事情或第三者的觀察，因為這些元素會讓這次的對話偏離你的本意。）一開始先談一談你注意到的行為改變，並且要給員工時間，讓他暢所欲言。請自制，不要批評。問一問員工，看看他覺得他能做什麼以處理目前的問題，並問他需要你給他哪些支援以幫助他達成目的。鼓勵他、提醒他，讓他想起他對公司而言有多重要，他可能已經忘記這件事了。讓他知道，當他要走回原本的軌道時，你願意，而且也能夠支持他。定期後續追蹤，以確保他持續走向正確的方向。

當你們之間的關係再也「回不去了」

有時候，關係會惡化到完全無法修補的程度。不管你做什麼，你都無法讓這位員工恢復活力。那麼，面對這種「回不去」的狀況，你該做什麼？你必須立刻將此人請離你的組織，在他的「毒害」擴散之前先發制人。如果有所遲疑，過不了多久，你就要將大把的時間花在阻擋負面行為爆發上面，這些負面態度就像科幻電影裏的致命病毒一樣，眼看著在你管理的組織裏病毒蔓延的千鈞一髮之際，在這位員工將你及其他人一起拖下水之前，設法立刻將此人請走。

【重點整理】做個協助部屬成功的主管

- 要成為成功的主管，你必須把焦點從「我」轉到「我們」。當你繼續向前邁進時，你的成就已經不再以達成公司目標時你個人的貢獻來衡量，而是以你是否有能力打造並維持願意全心付出的敬業團隊為準。
- 員工的敬業程度，是以他是否具備追求卓越的渴望與熱情來定義，這兩個關鍵會支持員工，讓他有意願超越職責範圍。研究不斷證明，敬業的員工生產力高且獲利能力佳，可提供更高水準的客戶服務，而且當其他公司提出有競爭力的條件時，也比較不會因此而離職。
- 身為主管，熟悉象徵員工心不在焉的信號，是你的職責。這些信號包括：員工的可靠程度改變、不願提供意見、無意承擔額外的任務與專案、付出最低貢獻，以及忽然拒絕參與同事聚會。
- 雖然很難，但是要把中度脫節的員工拉回團體裏，絕對有可能。方法包括：展現對員工的信心、更頻繁和員工碰面、提供持續的正面回饋，以及展現你把員工的最佳利益放在心裏。
- 你可以為員工提供機會，請他們提供意見參與部門決策，把個人成長變成企業文化的一部分，指派員工去做他們認為有趣且富挑戰的任務，以及證明你真正在乎部屬的福祉，藉此打造充滿敬業態度的職場。

● 有時候，你可能會遇到執行長、企業主或高階主管心不在焉的情況。如果你處在這種情境，你能為員工打造敬業職場環境的機率也很低。在你把更多時間精力花在這個組織之前，請先想想這一點。如果前景一片黯淡，不要害怕離開。

● 你無法修正一切或改變每個人，但是完全心不在焉的員工，就像是致命病毒一樣。如果你容許他們待下來，他們將會感染組織裏其他成員。在事情鬧到不可開交之前，想辦法請走這些人。

我們所做的一切，都是以目標當成根據。我們維珍酒店（Virgin Hotels）的目標是：「每位貴賓離去時都覺得更美好。」（Everyone leaves feeling better.）。目標打下基礎，決定你的目的地與你的方向。我們希望貴賓離開時比抵達時覺得更美好，希望他們能在本旅館待久一點，讓他們有更多時間舒壓。整體的經驗與服務接觸點都要契合我們的目標。

目標在我們和隊友互動時也是至高無上的指導原則。我們會去想要怎麼做，才能讓他們覺得在這裏的工作經驗，離職時比到職時感到更美好。我們會想著：「員工在這裏待了一段時間之後，如果他們離職時的感想是：『哇，公司讓我真實做自己，我能在這裏工作，真是很棒的經驗。』這樣不是很好嗎？」

旅館業的員工流動率是百分之六十，我們是百分之三十。不管我們做什麼，指導原則永遠是我們的目標。如果你希望每個人離去時都覺得更美好，你必須讓他們背後的流程運作得更順暢。

可以打造出目標導向部門的主管，是所有人的典範。目標要簡單。你要以身作則，因此當你想激勵他人集結起來為你的目標努力之前，請記住這一點。

——勞爾．利爾（Raul Leal），維珍酒店執行長

第三章

向下管理

目標

——讓你一枝獨秀的祕密武器

請想一想以下的情境。你的主管要你多付出一些，好讓公司達成財務目標（順帶一提，所謂的「公司」剛好也等於你的主管，因為他是這家公司的獨立業主）。你舉步維艱地回去工作，做了一切對方期待你該做的事，就這樣了。現在，想像一下，你任職的公司與效力的主管明確表達的目標是，要豐富客戶的生活。你等不及要衝進辦公室貢獻你的想法，而你的主管充分授權，鼓勵你放手去做。

我不用想像第一種情境是怎麼一回事，因為我曾在一家金融服務公司任職好幾年，這家公司的目標，就是要讓有錢的客戶及有錢公司的創辦人更有錢，我很難適應，因為我看不出這家公司所做的事有任何高尚之處。但你或許認為這是很高尚的目標，若是這樣，這個環境可能就很適合你，就像它很適合我的主管一樣，要她融入這裏毫無問題，她的重點只有錢，而且每天都在提醒我們這一點。我只想拔腿快逃脫離那裏（並且逃離她），一秒都不想多待！

根本上，公司目標就是這家企業大聲說出其存在的理由，傳達組織的立場，並應該要帶動這家公司所做的一切。現代的員工會想要和自己所做的工作建立更深刻的關係，他們會尋找目標，千禧世代尤其如此，這些人希望確認自己花時間去做的是有價值的事，並且一定要有意義。身為主管，你的工作是協助部屬，把他們所做的工作、公司的整體性目標及他們的個人利益這三者串連起來。如果你任職的公司做法剛好背道而馳，每次召開全體大會時的開場白都是：「請容我提醒各位，我們在這裏就是為了替股東創造更高的價值。」你也不用絕望。在本章稍後，我們會討論如何找到並激發團隊的目標。

目標為何重要

常有人問我目標為何重要，嬰兒潮世代的人尤其愛問，他們當中有很多人汲汲營營一輩子，卻從沒怎麼想過為何自己要做這份工作。以下是我的一些回答。

1.目標讓人看得更清楚

你是否曾經做一份工作，卻完全不知道你做的事和公司的使命有何關聯？如果答案是肯定的，我想說，你並不孤獨。有很多員工都是每天進辦公室，糊里糊塗忙過一整天。最好確定這些人不是你的下屬。身為主管，你必須確認大家都理解並實踐組織的目標。清楚了解目標的人比較敬業，也比較有生產力，好過一整天在辦公室裏走來走去、彷彿遊牧民族貝都因人（Badouin）在尋找下一個落腳處的那些人。

2.目標會幫助你吸引正確的人來到你所屬組織

當你懷抱使命領導部屬時，你會更了解哪些人最適合組織的文化。舉例來說，如果你在輝瑞（Pfizer）工作的話，輝瑞的目標是：「致力於創新藥物的研發，以提升病患的生活品質。」（Innovate to bring therapies to patients that significantly improve their lives.）。滿足於現狀的人比較不會去輝瑞應徵，因為這家公司明確要求創新。因此，輝瑞的人資經理不用浪費時間從大量的履歷中篩選，剔除不適合企業文化的人選，契合目標的人會搶先應徵。

3.目標激勵人們發揮最好的一面

目標助長熱情。我們就以一位藥廠業務代表為例：星期五小周末，已經很晚了她還是不願意下班，因為她在拯救人命。這類熱情只可能來自一件事：目標。最有可能的情況是，這位業務代表的主管常說：「這就是我們在這裏的理由。」

4.目標提升員工滿意度與生產力

我們都想要一份能激勵並滿足自己的工作。根據領英與領導培訓業的勢在必行公司（Imperative）最近的一項研究指出[1]，在工作上找到目標對於情感上與財務上皆有好處。二〇一六年的勞動力目標指數（Workforce Purpose Index）顯示，目標導向的員工有百分之七十三自承對工作感到滿意，相較之下，非目標導向的員工僅有百分之六十四。而快樂的員工生產力較高，這可不是祕密。

5. 目標可以提高員工留任率

強烈的使命感，再加上有機會共同努力朝向一致的目標前進，用這些因素來激勵員工，可以營造凝聚力，讓員工團結在一起。如今的員工會看重能讓他們與自己的目標產生連結的工作，一旦找到這樣的工作，員工比較不會騎驢找馬。前述的二〇一六年的勞動力目標指數也指出，目標導向員工在同一家企業任職三年以上的比例，是百分之三十九，非目標導向的專業人士則為百分之三十五。

如何找到並激發團隊的目標

試想一下，如果所有團隊成員和工作上都和目標緊緊相連（包括他們看重的工作與公司這兩者的目標），那會是怎麼樣的局面。試想一下，他們的生產力與成就會比別人高多少。試想一下，身為領導者的你，工作會變得多輕鬆、多讓人滿意。夢境實現了，你不用在迪士尼（Disney）任職也可以美夢成真。

我之所以這麼說，是因為就算你任職的組織並非以目標為導向，你仍可以為團隊營造出目標使命感，以下我就要說明如何辦到。假設你管理應付帳款，在傳統應付帳款工作環境中，會計人員的角色就像是足球守門員一樣，他們會阻擋、刁難，無所不用其極擋下供應商和請款部門主管，或者至少別人的感覺是這樣。對於擔任這些職務的人來說，這當然不是一份能讓人滿足的工作。

但你不一定要這樣做，你可以為團隊營造使命感，契合你試著灌輸的價值觀。你一開始可以先回答一個問題：「這個團隊或部門為何存在？」在這種情況下，常聽到的答案是：「我們存在是為了付款。」接下來回答另一個問題：「我們的客戶是誰，他們真正的需要是什麼？」答案是：「我們的客戶是部門主管與供應商，他們需要的是我們把付帳變得更輕鬆。」之後，你就可以為部門定下目標，比方說像：

「我們所做的事情，就是要讓部門主管與供應商的生活更輕鬆。」

下一步是和部屬溝通團隊目標，之後則要檢視所有應付帳款政策與程序，重點是要讓部門主管和團隊的生活更輕鬆。

工作團隊核心目標的四大特質

針對工作團隊制定核心目標時，最好要讓團隊的目標切合公司的目標。如果公司並沒有明確的整體性目標，請謹記以下這幾點：

1. **核心目標必須簡單易懂**：太常見的情況是有人熱血過了頭，結果訂出不知所云的目標。要簡單。
2. **要讓人們很簡單就能和目標建立連結**：在前述的應付帳款範例中，多數員工應當同意，讓客戶的生活更輕鬆是我們可以努力的。
3. **人們必須願意為了目標奉獻心力**：為內部客戶提供更好的服務，並增進和外部供應商的關係，確實是讓人可以多付出一些努力的事，單調的付款任務則不然。
4. **目標必須有意義，空洞的口號行不通**：當你的員工展現強烈的信念，而且對工作有深刻的感受時，你就知道自己找到團隊核心目標的本質了。

所有領導者都該問的三個目標問題

如果你認為你的團隊之所以存在，純粹是為了生產產品、提供服務，或是賺錢，那你就完全錯失了打動員工感性面與理性面的大好機會。目標就好比是強力膠，把你的整個團隊緊緊黏在一起。目標指引並鼓舞人們朝向共同目的而努力。在發展團隊目標時，請思考以下這三個問題：

1. **為何我們這個團隊或部門要存在？**提出這個問題，可以幫助你釐清你的團隊要達成什麼目的。
2. **如果我們這個團隊明天消失了，會有什麼損失？**這個問題會幫助你找到團隊對於營運的重要性在哪裏，當你試著調整部門以契合組織其他部分時，也會助你一臂之力。
3. **團隊成員為何要把時間、心力與忠誠投注到這個部門中？**現今的工作者有大量的選擇，你為成員提供了哪些極具吸引力的因素？（提示：答案和獎酬無關）

如何以目標領導：目標領導的七大原則

提出團隊目標宣言，是目標領導這項任務中非常重要的一部分，但宣言本身只是一個開始，而不是達成目標的手段。身為主管，你為團隊奠下的基礎將導引你所做的一切。遵循以下的目標領導七大原則，你將能提升員工與客戶的經驗。

原則一：真誠面對自己，才能以真誠待人

在我認識的領導者中，有很多人不斷嘗試說服自己他們在做的工作很重要，在某些情況下或許真的是很重要，但他們的現任雇主卻不是這麼看。你無法要求部屬相信連你自己都不相信的事。舉例來說，假設你對工作感到幻滅，因為你不相信公司真的在乎員工或顧客。你可以有選擇，你可以繼續待下來、試著去改變已經沒用的事物，或者你也可以離職，去找價值觀更貼近你的雇主。但是，你不應該什麼都不做。

目標這個概念的重點，純粹在於你要展現一貫的行為，調整你整體投入的心力以契合你的信念。這不是你找一天做展示，然後接下來就丟著不管的那種事。你的團隊成員看著你的一舉一動，如果你沒有百分之百投入心力，他們會知道。假裝具有熱情與熱誠是很困難的

事，那就乾脆連試都別試了，虛情假意會引發反作用力。

原則二：在別人都不開口時說實話

有時候（好吧，是很多時候），部門的實務作業無助於公司的目標或部門的目標。很多新上任的主管可能會隨波逐流，擔心如果他們挑戰已經成為慣例的做法不知道會怎樣。你不能任自己恐懼，阻止你展現最好的自我，或妨礙你的部屬在事情不對勁時也不敢說出來。表明立場，也鼓勵你的部屬效法你。誠實有好處。

不要為了和諧而順應，以尊重的態度表達你的意見，讓別人也願意考慮你的想法和建議。適當時，在你的部屬也在的場合下這麼做，讓他們親眼看見你說要真實真確是認真的。

原則三：從感性面管理，與部屬心靈相通

身為主管，你在整個職涯中必須做出某些艱難的決策。當你要下決定時，我希望你跟著你的心走，以下這個範例會說明怎麼做。

我的職涯開端是在休士頓的油田產業，當時這一行欣欣向榮。後來我們遭遇油價重挫，人生一夕變調，很多人（包括我）必須傳達裁員的消息。我還記得，有一位主管決定他要竭盡所能，替必須養家活口的那些人保住生計。他不照規定來，反而改了規定。他知道團隊裏

有幾個人在市場上很搶手，而且很輕鬆就可以到別處發展。他提供選擇，這些人可以拿著優厚的離職金走人，也可以留下來面對另一波可能的裁員，到時候離職福利就沒有如此豐厚了。其中有一個人是我的朋友，她接受了他的條件，拿了離職金搬回東岸，馬上就找到薪資豐厚的工作，帶著滿滿的荷包展開新人生。其他人也起而效尤，這麼一來，這位主管就能留下機動性不高的人（服從命令，代表萬一裁員時，這些人無從選擇）。我不時會想到這位主管，總是讓我微笑。他感性行事，在精神面上和員工相通，使得之後的好幾年局面大不相同。

原則四：以尊重的態度領導

尊重式領導，就從你開始做起。要做到懷抱目標從事管理，必須要有能力做到以尊重的態度統御。如果你以為管理的是一群僕人，只要發號施令即可，這對於推動目標並不會太有幫助。事實上，還會有反效果。有些人會質疑你是否適合成為主管，有些人則根本懶得懷疑你的能力，他們會乾脆打包走人。

當你想和被你管的部屬建立與維繫關係，「己所不欲，勿施於人」的待人處事基本原則非常重要。下指令時要注意語調。我真希望以前就有人給我這番忠告，我很確定我曾多次對著員工大吼大叫下命令，但那時我該做的其實是請求他們協助。

原則五：你的行事要符合你的企圖

我剛開始從事管理時，懷抱著高遠的企圖；我希望成為部屬心目中有生以來最棒的主管。我徹底失敗，因為我的行為根本和我的企圖並不一致。以下這個範例，可說明我是怎麼搞砸了。我希望團隊覺得充滿力量，但我在管理時卻壓抑他們的想法，他們連話都還沒說完就被打斷了。我這麼做並非出於惡意；我打斷他們，是因為我想要快速確認我已經聽懂了他們話中的意思，好讓我們可以更快速向前邁進。最後的成果，就是造就出一群沮喪的隊友。我的作為完全和「最佳主管」沾不上邊。

當你在尋找方法想做到以目標領導時，請檢視你的行為，以確定行為反映了企圖，而且體現了你努力要立下的典範。以前述的部門目標宣言「我們所做的事情是，要讓部門主管與供應商的生活更輕鬆」為例，倘若你老是堅持要退件，而且要求部門主管額外簽名，但事實上你大可在電腦上按個按鍵就可以確認了，這也就是說，你的做法並沒有實現你訂下的目的。大家會注意到的是你的行為，如果你很快就傳出口惠不實的名聲，也不必太訝異。

原則六：給予明確的指示，讓員工可以遵循

每個人都想有好表現，但是他們要面對諸多阻礙，我看過很多讓人覺得失望的問題，根

源都是沒有釐清。你必然碰過某些不知道自己的方向在哪裏的主管，有些則是指示一日三變。舉例來說，某天我和一位營運長和他的人力資源長碰面，討論我要如何協助支援他們的管理團隊。我立刻就發現信號，指向某些功能不彰的行為，尤其是新官上任不久的執行長，對於主管發號施令的內容不清不楚。這二位領導者都蓄勢待發，想要向前邁進，但是都陷入泥淖中，等著執行長宣布公司要往哪個方向前進。

你必須非常清楚自己對於團隊或部門的願景，之後你才能定期溝通傳達，並在你看到快要偏離正軌時警告團隊。

原則七：給予有意義的嘉獎

我討厭頒獎典禮節目。年復一年都是同一批人獲得讚賞，但有時候他們那一年的表現根本不值得嘉獎。幸好，我可以選擇拒看這些節目。我發現職場上也有同樣的情況，嘉獎是一年一次，但常常根本名不符實。

我相信，有意義的嘉獎能為組織帶來更多好處。當你留心、看到員工展現值得嘉獎的行為時，才有意義。以下有一個具體的範例，布羅頓連鎖旅館（Broughton Hotels）的創辦人兼執行長賴瑞．布羅頓（Larry Broughton）知道，對待員工像對待賓客一樣是很重要的事。「旅館業是一種人際關係業，」布羅頓表示，「我們對待團隊的方式，也就是員工對待客戶的方式。」

他相信，在獎勵、嘉勉與強化他們樂見員工持續表現出的行為時，主管必須把相關的作為制度化，每天都為了達成這個目標而努力。他說：「我們設立了一套『一美元明星方案』（Dollar Star Program）。我們希望凸顯同仁展現的良好行為。我們給每一位同仁兩張用一美元紙鈔折成的星星。當團隊成員得到一張紙鈔星星當成獎勵，他必須也把一張紙鈔星星給另一位隊友。這麼做是因為，我們希望鼓勵大家主動讚揚自己的同事所展現的好行為。」

布羅頓連鎖旅館員工超過七百位，旅館經營的根本理念是，如果你要有出色的成就，必須先成為出色的人。布羅頓每天努力抱持這樣的態度自有其道理，因為他知道，員工在工作上感受到的體驗，會轉化成他們對待賓客的態度，而且一切都是從他開始。

【重點整理】

- 一家公司的目標，就是大聲說出這家公司存在的理由。
- 一家公司的目標傳達組織的立場，並應帶動這家公司所做的一切。
- 現代的員工會想要和自己所做的工作建立更深刻的關係。他們會尋找目標。千禧世代尤其如此，這些人希望確認自己花下時間去做的是有價值的事。
- 目標讓員工更清楚，並有助於吸引正確的人來到你的組織。目標增進熱情，並能提高員工滿意度與職場生產力。
- 就算公司沒有目標宣言，你還可以替團隊或部門訂下目標。先問：「這個團隊或部門為何存在？」接下來再問：「如果這個團隊明天消失了，會有什麼損失？」以及「團隊成員為何要把時間、心力與忠誠投注到這個部門裏？」
- 你的核心目標宣言要簡單易懂，讓人很簡單能就和目標建立連結，而且要有意義。
- 請謹記目標領導的七大原則。真誠面對自己，才能以真誠待人；在別人都不開口時說實話；從感性面管理，與部屬心靈相通；成為尊重人的領導者；行事要符合企圖；給予明確的指示，讓員工可以遵循；以及給予有意義的嘉獎。

尋找頂尖人才是昂貴、耗時且高風險的事。以我的經驗而言，頂尖人才是相對稀少的資源，雇主之間為了吸引這些人才的競爭很激烈。因此，聘用第一流人才的主管要做的第一件事，是了解激勵他們的因素是什麼，並確認顧及了他們的需求。

留住頂尖人才會帶來豐厚的報酬，從企業實務來說，這一點背後的理由很明確：替換人才的成本與風險至少高達五位數。請想一想，如果聘用不對的人，在團隊中會引發的情緒與生意上的損害會有多嚴重。

但留住這些人的重點並不是全在薪資，因為多數一流的人才想要的是工作滿意度，還有為他們帶來渴望中挑戰的環境。就這些人來說，他們的主管與管理他們的方式，絕對是關鍵。好主管會樂見比自己更強、而且懂得如何激發出強大團隊的人，為自己效命。

——克里斯．瓊斯（Chris Jones），（英國）展示中心公司（The Display Centre〔UK〕Ltd）總監（Director）

第四章

人才磁吸力

向下管理

「當我獲得拔擢、得以晉升管理階層時，有一件事我沒有準備好，那就是如何管理不屬於銷售部門的人。當時，我不了解人有不同的性格，而且這個性格依據他們在組織中的角色不同而異。」西摩爾整合品牌公司（Seymour Consolidated Brands）前執行長喬瑟夫·李利（Joseph Lilly）如是說。

李利無法及早認知因為組織和職位的不同，某些性格特質會變得比其他特質更重要，導致他邁入管理階層的過程倍感艱辛，而實際上根本無須如此。多年後，李利找來一位專精於營運管理的人才，到此時他才恍然大悟。你很幸運，因為你不用等這個多年，你只要用心讀這一章，就能在招募人才以達成功這條路上踏上坦途。

請準備好螢光筆畫重點。為什麼要這麼麻煩？因為本章中有很多值得特別注意的資訊。你將可以藉此消除用人錯誤造成的昂貴負面結果，包括低落的士氣；你的團隊裏只要有一顆爛蘋果，就足以汙染全部的人。你將能大幅減少平常花在解決績效相關議題上的精力，而且回過頭來，能有時間協助你的明星隊員發揮完全的潛力。有些人可能會想：「聽起來很棒；我只需要讀完這一章，我就可以辦到了。」如果人生有那麼簡單就好了。關於吸引和選擇人才，要學的事很多。你可能需要多讀幾次本章，或是讀我的書《人才磁吸力》（暫譯，原書名 *Talent Magnetism*），並演練這些技能，才會熟能生巧。請做好犯錯的準備，因為就算是最傑出的人，也會出錯。

人才磁吸力入門

第一版本書出版時，美國正要從近代史上其中一次最嚴重的衰退中爬起來。我建議身為主管的人把焦點放在熟練選才的技能上，因為失業的人比職缺多太多了。但之後情況不一樣了。在許多產業，職缺比合格的人選多更多，而且，全球也都出現這種情形。

今天早上醒來時，我的臉書傳送了一則訊息給我，是一位身在澳洲的友人需要我幫忙。他的公司有超過一億美元的保證銷量，但因為找不到熟練的木工，賺不到這筆錢。在我的客戶中，我想不出來有誰沒有受到現今勞動市場的影響。

身為主管，你必須熟練的最重要技能之一，就是要有能力為組織選用頂尖人才。把這件事做好，你花在修正問題及面試候選人上的時間就會大幅減少。若是你無法熟練這項技能，過不了多久，你就會發現自己在面試時，坐在桌子的另一邊的人竟然是自己。

我們將會先從基本項目開始，以確保你能打下穩固的基礎，足以支持你新學來的技能。要做到這一點，且讓我們先來更深入檢視人資經理徵才時，常犯的六個錯誤：

1.只在你必須填補職缺時才尋覓人才

這是老練的主管也可能犯下的新手錯誤。招募與聘雇團隊成員很花心力；請好好思考這一點。當員工發出離職預告時，他在心理上已經離開了。這表示，你在擔負自身職責的同時，還必須去做對方的工作。你必須挪出你根本沒有的時間去找人補缺，同時還要維繫你的部門。

明智的領導者永遠在找人才。吸引人才的方法，是成為別人心中考慮下一步職涯發展行動時可以諮商的對象，你可以用以下幾個方法做到。

- 不管你手上有沒有職缺，不管是誰，只要有人想和你談談工作機會，都和對方碰面。和讓你驚豔的人才保持聯繫，一旦有職缺開放，就去找他們。
- 盡量找機會發表演說，好讓你在業界或社群出名。這包括扶輪社（Rotary Clubs）、商會會議、本地協會會議、研討會和大學社團等等。如果你表現好，很可能會有聽眾跑來找你，問問看他們能不能和你保持聯繫。
- 接下所屬產業協會的領導職；這些人通常能得到更高的曝光率，多於只是參加、偶爾過來開會的人。
- 建立你的領英網路。接受同領域的人發送的邀請，就算你們緣慳一面也無所謂。
- 和暑期工讀生或實習生保持聯絡。偶爾發個電子郵件給他們，並確定他們有受邀參加公司的假日派對。

2.無法明確定義職責

我常聽人資主管說，等他們看到那個人時，就會知道找到適合的人了。我的回答是：「如果你不知道『那個人』該是怎麼樣的，你又如何能知道就是『他』了？」

這種態度讓我想起十幾歲時的約會。你看到一個很吸引你的人，你立刻會想，就是這個人了。你根本不在乎你們兩人之間根本沒有半點共通之處，你就是知道他是你的真命天子（女），兩人在一起一定行得通。當然，很少有人真的和十幾歲時的戀愛對象結為連理。這是因為，到了一個時點，我們會體會到，要保證未來會出現幸福美滿的結局，不是憑著直覺就能辦到。

在展開徵才流程之前，請先清楚定義新進員工要擔負的職責是什麼。這項工作通常指向撰寫工作說明，但我比較偏好列出你預期擔任此一職務的人，應該達成的成果說明。清楚列出這人要擔負的所有任務和責任。你總是可以再回過頭去檢視，然後濃縮這份清單。之後，看一看能擔負這份工作必須具備基本技能與最低學歷的要求，並將這些條件放在我們稱之為基本條件的部分。

現在，請注意我用的詞是「基本」。請好好想一想。雖然請一位博士來擔任行銷助理也不錯，但是，這真的是你需要的嗎？而有這些證書或文憑的應徵者，又真的會心甘情願待在這樣的職位上嗎？之後，重新檢視你的工作說明。這份說明描述的是一項職位還是三項？若是後者，一個人不可能勝任的。接下來，再回過頭去並做修正，讓你更清楚到底要找什麼樣的人。我建議，即使你任職的是家庭式的小型組織，工作說明這個概念對這種組織來說可能太遙遠了，你也要這麼做。

3.無法擴大管道

且讓我們正視事實，徵才、選才的過程是很累人的。那麼，何不從你眼見所及的最佳人才庫中選才，就在這個小範圍裏把任務完成就好？基於以下幾個理由，這種做法可能無法帶來你想要的成果。讓我們假設你把選擇限定在由員工推薦的人選上面。很有可能，你最後擁有的團隊成員，是一群外型及思考模式都很相像的人，因為一般人通常會和與自己有相似之處的人交往。或者，假設你把選擇限制在低成本的網站上，比方說一些網路分類廣告。你會不會因此錯失了那些不懂得主動尋找新機會的卓越人才？

由於網路以及社群媒體的大量興起，徵才成本已經大幅下降。外面的資源太多，多到會讓人覺得無法招架。有些好一點，有些差一點。你布下的天羅地網愈廣，你就愈可能找到最適合的那個人。

我還記得，當我還住在波士頓時，我在尋找我的真命天子。我很清楚，我不想和任何我居住城市以外的人約會。當然，這是一種限制，因此，我把我的參數放寬，納入離我半徑五十公里內的那些人。沒有好消息。之後，我再度放寬範圍，但也沒有找到太多看來有希望的候選人。一直到我把我的網放到最大，我才找到真正匹配的人。如果一開始我沒有畫地自限，我就不用浪費數不盡的寶貴時間，在有限的候選人資料庫中，設法從最糟糕的人中選出最好的；我也不用花掉這麼多寶貴的資源，想要把錯誤的候選人變成他們永遠不會變成的那種人。

盡量把你的網撒到最遠的地方去。人資主管應該使展出渾身解數。善用你的社交網路，運用你透過工作相關協會或個人組織而培養起來的人脈關係。跳脫框架思考——你的潛在候選人可能在哪裏出沒？你一定不相信，足球場上有多少人際網路數目；很多父母可是緊盯自己的孩子踢球，期待他們變成下一個貝克漢（David Beckham）。

4. 拒絕支付招聘費用

有時候，你要招聘的那個人不見得已經做好準備，或者，你可能沒有時間從堆積如山的履歷中慢慢篩選。而這就是招聘機構或獵人頭公司可以使得上力之處；前者只有在他們給你候選人時才收費，而後者會先收取預付費用，然後出去尋覓你要找的那種員工。獵人頭公司多半都限於公司要聘請高階主管或針對極難覓得合適人選的職位時才用。

當你和第三方機構合作時，你必須了解，他們是為了**他們自己**工作。幫助你、替你的職缺尋覓適合人選的人，**只有**在他能替你找到適合人選時，才能向公司收錢。這是很難經營的事業，而六個月前幫你找到適合人選的那個人，下一次當你在打電話過去時卻早已離職了，這種情況屢見不鮮。

要找第三方合作，最好的方法是透過推薦，因為外面有些組織會用比較不合乎道德的做事方法。比方說，如果六個月之後有一個類似的職務需要人填補，他們可能會試著去挖最近替你公司找到的那個人。或者，他們會在你見過一些你絕對不會聘用的候選人之後，才給你一個到達平均水準的候選人。他們希望，因為你之前見過的那些人，因此你覺得這位平庸的候選人很優秀。當你和外部組織合作時，你要抗拒誘惑，不要想把該支付的服務費殺到低於水準之下；否則，比較優秀的候選人就會被分到願意支付全額費用的企業，而你只能挑剩下的庸才。

5.因為技能而非特質決定聘用

如果我們回過頭去看之前的約會範例，我們可能會想起幾個人，基於我們可能開出的「資格」清單，或許考慮過把這些人當成生命的伴侶（或至少是第二次約會的對象）。但是，我們知道，在許多情況下，根據公式建構這些關係，最後將會以災難收場。這是因為，我們雙方的價值觀可能並不一致。

我們遇見的每一個人，都有一些從小養成的習慣，或是根深柢固的個人特質（也可以說是行事風格或能力）。如果你試著去改變一個成年人的行為模式，那你就會知道，改變行為這件事有多難（如果有可能改變）。

你可以試試看，把一位偏好獨自工作的三十五歲員工變成團隊型人物。辦得到嗎？有可能辦得到，但是，必須承受很多的痛苦，而且所有的付出絕對不保證一定能成功。那何不聘用一個可以善用他人活力，並因此成長茁壯的人進入團隊，讓比較內向的候選人另覓合適職位，去做需要高度專注且能獨立完成的工作？

6.妥協，聘用當下最適合的人

現在，你踏進管理階層的世界。你剛剛獲得升遷，你努力嘗試學著做好新工作，而且，你還要為別人的工作負責。當你眼中的最佳員工決定明年去澳洲壯遊，而且時間可能會延長時，剛好出現一個人，可以補上最近這個空缺；你會做大部分無經驗主管都會做的事——你會妥協。你認為這個新人適任堪用，而且你是對的；新人適任，但也就只有如此而已。

請記住，你的表現，最多只能等於團隊的表現。你希望大家知道的你是一位「適任」的主管，或者，你希望成為一位享有盛名、擁有一支不敗團隊的主管？若是後者（如果不是，你也可以和那位離職同仁一起去澳洲壯遊），那麼，你絕對不能妥協。如果你看得夠多、也夠認真的話，你就能找到真正傑出的員工。但是，你一定相信這種事有可能發生，而且好員工是你應得的；不然的話，你很難說服其他人說你值得他們付出聰明才智。

在做出最終的聘用決策之前，請問問自己下列這些問題：

【決定聘用之前，必須自問自答的五個問題】

- 我是否已經見過了夠多的應徵者，才知道這個人最適合這個職位？
- 我有沒有盡量擴大我的徵才管道，以確保我能擁有一個大型的合格人才庫，讓我可以從中選擇？
- 此人能否幫助我們的團隊走向下個階段？
- 我對這位我可能會決定聘用的應徵者，有沒有任何疑慮？
- 我是花費必要時間精力搜尋適當的人選，還是我已經準備妥協？

一旦你檢視自己對這些問題的答案之後，你就會了解，你是基於你所知的條件做出了最佳的聘用決策，或者，你是就此妥協。

選才案例：依據特質，而非技能

我一直深信，人只要具備某些特質，指向他們在可以成功擔當某項職務，大部分的人都能透過訓練做任何工作。當然，某些工作，特別是醫療領域，技能總是比行為作風來得重要。比方說，如果我要替醫院聘用一位醫生，我會選擇已經證明他們在所屬領域表現頂尖的醫師，而非個性討人喜歡但經驗有限的候選人。個性討人喜歡的醫生，可能具備某些特質，表示他是很快就能學會上手的人，但是，我的感覺是，讓別人花時間讓他去學吧！我們在這裏談的可是生死大事。還好，你準備選才填補的職缺，通常不會有生死交關的問題；雖然，對你來說，可能還真有這種感覺。專家也同意，徵才、選才正是如此。

在《首先，打破成規》（*First, Break All the Rules*，繁體中文版由先覺出版）一書中，作者馬克斯．巴金漢（Marcus Buckingham）與克特．高夫曼（Curt Coffman）分享蓋洛普過去二十五年來兩項大型研究的新發現。進行這兩項研究的目的，是要判定哪些因素讓出色的主管如此出色。成為蓋洛普研究焦點的主管，一定都是精於將每位員工的**個人特質**轉換成績效的主管。巴金漢與高夫曼繼續說明，為何最出色的主管會根據個人特質挑選員工，而非根據技能或經驗。

在一九九〇年代末期，我受聘於一家運輸公司，在這裏擔任人力資源總監。這家公司有三百二十名員工，分別駐守在十八個地區，而我得一個人唱獨角戲。若說我是一人當兩人用，那實在太低估我了。到最後，我獲得許可，可以找一個人加入我的團隊陣容。我有很多「合格」的人選可以用來填補這個職缺，但卻很少有人證明，他們擁有打造世界級人力資源部門必備的個人特質。

這個時候，我遇見了梅根（Megan）。當時她剛剛從文學院研究所畢業，搬到波士頓想要做出成績；而她也真的做到了！

梅根完全沒有人力資源所需的相關技能，而且，她也不曾在正式的企業裏工作；重要的是，她卻具備以下這些個人特質：梅根從十四歲就開始打工，她擁有絕不退縮的創業家精神；而且，在她念大學之前，也曾經嘗試幾次微型創業。你絕對看不出來，她出身豪門（她和另外兩位女性同住一間公寓，以求能自立更生）。她冰雪聰明、懂得自我激勵，而且，她願意為我們付出一切，以達成我們定下的超高目標。

因為她的個人特質與潛力，我雇用了她。五年後，當我離開公司時，她已經做好充分準備可以接下我的棒子，而且，她也真的做到了。這種情況，你就可以說是根據個人特質而聘用，而非後天技能。

多數的徵才、選才的故事，並不見得像我聘用梅根一樣，都有個快樂的結局；因為，人資主管會去找之前做過同樣工作的人，並且，假設他們找到的是相見恨晚、天造地設的一對。是的，他們可能是史上最佳搭檔，但是，那是對別家公司而言。他們的價值觀可能已經做好調整，符合剛剛離開的老東家，卻很不巧地，就是跟你的組織格格不入。這一點足以解釋為何上一份工作明明做得很成功的人，換到別處工作時卻變成一場災難。當主管領悟到一些事情是怎麼教都教不會時，比方說，注意細節、充滿熱情與堅決果斷，試用期尚未期滿，蜜月期很快就結束了。

在聘人時，請考慮未來的需求，而不光是想到當下找人填補職缺而已。請找到你自己的梅根，給她一個位置。

速度比完美重要

在用人過程上花太多時間做決策的主管，會失去好人才。如今，好人選很搶手，就在他們離開你的辦公室時，很多人同時也收到很多其他雇主提供的職位。利用以下的方法，你可以大幅縮短你的聘用時間。

- 列出要參與聘雇流程的每一個人。在一半的地方畫一條線，這條線以下的人不要納入聘雇流程。

- 用電話篩選應徵者。乍看之下，這似乎會拖長聘雇流程所耗的時間，但我保證不會。利用一次簡短的電話面談，你就知道這位人選值不值得你進一步考慮。很多人無法通過電話面談篩選，這樣一來你就可以騰出資源，讓合格的人選立即進入流程。
- 在最後一次面談之前，針對你的兩個首選對象進行背景調查。這麼做的話，你可能會發現只有一個人值得你最後再談一下。
- 和主管或人力資源部門的人合作，整理出你在當場可以做決定的權限，看看這個職缺的到職期限最多可延長至何時。

改變行為

有些人主張，你當然可以改變別人的行為。之後，他們會引用一些能夠改變他人的人當成範例。但是，其中的代價是什麼？也許，在經過幾年的治療（以及花費無數的金錢）之後，他們終於改變了自己配偶或孩子的行為。還是說，他們能做的，或許是扭轉一個需要更多指導、學習與照料就能發揮潛能的員工？而這又真的算是行為改變嗎？

我的主張是，沒錯，有些行為確實能改變，但是，當外面有這麼多剛剛好可以放進組織裏的圓形時，你又何必費事要把方形裁成圓形？多數沒有經驗的主管，都沒有引發行為改變必須具備的技能。也許你可以隨著時間過去培養起這些能力，但是，此時此刻，這應該是你最不應該去做的事。

切記，你的工作是要協助你團隊裏的優等生發光發熱。如果你每天要花掉一半的時間，處理那些素質不佳或態度消極的問題員工身上，恨鐵不成鋼的你，怎麼可能做好你的工作？

在下一章，我們會深入討論，看看是哪些因素，決定哪些應徵者具備剛好適合你目前環境的必要特質和才華。

【重點整理】盡己所能，讓對的人上車

- 吸引人才，比徵人容易。身為主管，你應該時時刻刻都在尋找人才。吸引人才的方法，是成為別人心目中，在考慮下一步職涯發展行動時可以諮商的對象。盡量找機會發表演說，參與產業協會，並願意和任何有意多了解你所屬組織的人談談。
- 你必須熟練的最重要技能之一，就是要有能力為組織選用頂尖人才。把這件事做好，你就能夠把時間集中在培養一支符合組織目標與價值的團隊上。若是無法熟練這項技能，你就得浪費無數的寶貴時間，去修正問題與面試應徵者。
- 在你花時間清楚定義職位內容之前，千萬不要憑空想像會遇到夢幻員工。先定義，你就不會浪費時間；先評估，找出一開始就不應該被選中參與面試的應徵者。
- 根據應徵者是否適合組織、是否具備個人特質而決定聘用，並提供訓練培養技能。如果你聘來好問、學習速度快且樂於承擔新挑戰的人，要他學會做好這份工作所必須學會的知識與技能，就應該沒有問題。
- 公司在用人時，耗費太長的時間決策，結果是錯失了優秀人才。請檢視你的聘用流程，並想辦法擊破冗長的面談循環。為頂尖人才準備好你的聘書，只要你知道此人是最適當的人選，隨時遞出。

留任是一件很私人的事：如果公司擔心留不住人（如果換人很困難，而且要付出高昂代價，那就應該要擔心），通常會採取由上而下的方法解決。比方說，他們會提供留任獎金，或是提出星期五可以享有免費按摩等福利。

問題是，留任是一件非常私人的事。一個人留下來（可能他看重學習與成長的能力）的理由，可能和另一個人大不相同（他可能注重的是穩定與慷慨的醫療福利）。針對每一個人個別管理留任議題，為你想要留住的每一位員工提出一套獨特的策略，看起來可能很沒效率，實際上極為有用。

同樣重要的是，請記住，某些人的離去是好事：有員工離職，會刺激主管，也會讓團隊感到失落，還會打擊自尊，但如果離職的員工很平庸，甚至績效不彰，對方的離去正好讓你騰出空缺，迎接高績效的人才。

——班恩．布魯克斯（Ben Brooks），百樂公司（PILOT）執行長

第五章

守好你的出口

向下管理

——如何防止人才流失

這件事大家都不想談，但全美各地職場隨處可見：員工下定決心，認為自己該走了。隱形的離境大廳裏擠滿了這類員工，每個人都在等著最終的登機召喚。

常見的員工離職理由

剛剛上任時，員工很少認為自己進這家公司的目的是騎驢找馬，他日要另謀高就，但這種事隨時都在發生。以下是幾個常見的員工離職理由。

1. 不喜歡自己的主管

研究不斷指出，員工不是要離開公司，他們是要脫離主管。我很清楚我就是這樣，大部分的人可能也是。如果你採行我在本書中為你提供的建議，你就不用親身體會員工因為你而離職是什麼感覺。如果你已經歷過這種事，也正好可以藉此檢視到底發生什麼事，好讓你不再重蹈覆轍。

在你開始替自己身為主管的表現打分數時，很重要的是，必須了解有時候別人看待我們的眼光，和我們看待自己的並不相同。人力資源顧問公司潘那（Penna）針對全英國各職場的主管與員工做調查[1]，顯示主管的績效自評分數高於直屬部屬評分。事實上，這項研究發現，半數以上的員工甚至說他們的表現可以勝過主管。

員工不滿的主管行為包括：

- 無所不管（Micromanagement，微觀管理）
- 不誠實
- 偏袒
- 溝通不良
- 冷漠無情
- 搶走別人的想法，歸功於己
- 不表揚也不讚賞
- 難以貫徹
- 得不到管理階層的支持

讀完前述的清單後也別喪氣。知識就是力量。現在你知道員工會因為哪些理由而排拒主管，你就可以專心致志，成為員工真心樂於和你合作的那一類主管。

2.聘用流程有瑕疵

員工是在你聘用他們之後沒多久就離職了嗎？若是如此，代表你的聘用系統出現失誤。請深入檢視聘用流程的每個部分，以判斷哪些地方必須修正。舉例來說，假設到職九十天內的流動率非常高，你必須自問以下幾個問題：

- **我是否聘用了正確的人才來擔任這些職務？**沒錯，聘用名校畢業生很棒，但他們真的適合銷售飲料嗎？
- **我是否精確地向應徵者說明了職缺？**如果你把行政工作說得像是執行長的工作，那就該重寫了。
- **我是否承諾太多，但實踐太少？**那可能該回歸現實了。當然，在夢想中，我們身處的組織和Google也差不到哪裏去，但實際上很少有企業能達到這個境界。準確說明職場環境，讓應徵者自行判斷究竟適不適合自己。

3.覺得無法和主管產生連結

在現今的職場環境，直屬主管在國內另一頭、有時候甚至在另一個國家，都不稀奇。你可能會認為，有了這些我們隨手可用的科技，主管與團隊成員之間的溝通應該更緊密。很遺憾，實際上並不然。現代的主管使用各種應用程式（Apps，applications）和部屬溝通，很多人甚至很仰賴簡訊。我注重簡潔明快，但我也相信要有可進行有意義對話的時間和場合。

當員工覺得與為其效命的主管之間沒有羈絆，離職就容易多了。要和部屬培養出穩健、有意義的關係，關鍵全在於身為主管的你身上。以下是一些你可以善用的方法：

- 如果你們在同一棟大樓上班，發送電子郵件或簡訊給員工之前，先想一想。你其實可以走到對方的座位上，面對面直接說。
- 如果你的員工在遠端，請使用Skype。
- 要特別留意，每周定期查核團隊成員，問問他們目前狀況如何。
- 了解員工的私人面。我不是建議你去問他們昨天晚上的約會順不順利，不過，問一句：「研究所的課程還好嗎？」或「你兒子決定要讀哪一所大學了嗎？」等等，總是對方樂於聽見你的提問。如果你又加了一句：「如果有我能幫得上忙的地方，請跟我說一聲。」那就更好了。這種做法可以展現你在意的事情，不只是員工的生產力而已。

4.看不到升遷或成長的機會

沒有人在成長的過程中會說：「等我長大後，我要去做一份沒有前途的工作。」但是，很多人都發現這正是自己的處境。經濟強勁時，員工有更多的選擇，如果你無法提供成長的機會，別人會出手。

任職於資源較豐富的大型機構的人，在這方面當然有優勢，但這不表示如果你是小組織裏的主管，就什麼都沒了。無論公司規模大小，你都可以套用以下這些想法來支持員工的成長：

- **和每位員工一起發展出對方的個人成長計畫**：不要假設員工要追求的成長和你今天能坐上主管位置的路線一樣。在員工任職期間及早對話，會讓你更了解對方未來想要往哪裏去。兩方合作，你們就可以發展出一套協助員工更接近目標的計畫。
- **支持員工持續接受教育**：當員工為了增進技能而去上課，你可能沒有辦法補助學費，但是你絕對可以調整他們的工作排程，確保他們來得及上課。你也可以出手相助，試著准許他們去參加一天的研討會，或者至少補助可以幫助他們學習新技能的書籍費。
- **成為明師**：帶著幾位員工一起去參加和客戶的會談，或者下一次當你要呈報團隊的成果時，由他們向高階主管團隊做簡報。你也可以鼓勵他們參加當地的產業協會，讓他們接觸到新想法。可以的話，可以補助他們的入會費與相關費用。如果不行，下一次你要出席商業社交聚會時，帶著他們一起出席。

- **設置企業教練指導方案：**如果團隊裏有高潛力成員，你可考慮聘用企業教練，幫助他們發揮完整潛能。團體的企業教練指導方案是另一種選擇，這會對員工發出信號，指出你會長期這麼做，希望他們也是。

出現員工可能另覓好出路的信號，你又如何讓他們回頭

我可以準確告訴你，在我的人際網絡中最近有誰開始在找新工作。我怎麼知道？他們在領英（LinkedIn）網站裏的聯絡人原本只有五十人，現在暴增為每天新增五十人！我也開始收到他們的領英檔案內容有更動的通知。

在今天，主管和員工透過領英搭上線，並不是新鮮事。如果你沒有連上，我建議你發送邀請給員工，今天就連起來。我不是說這麼做你就可以窺伺你的員工，當你看到他們的帳號出現可疑變動時就把他們叫出來。這麼做，是讓你能掌握團隊的動向。如果你看到如我前述的模式，你就知道要馬上關注某些特定的員工了。這可能代表約他們出來喝咖啡，談談他們

在公司裏之後可能有哪些發展，或者看看你能做什麼改善，以提高員工滿意度。

另一個信號是，員工忽然且經常改變他的午餐習慣。如果員工之前向來習慣在辦公桌前快速用餐，現在卻離開辦公室很久去吃午餐，這表示很可能有事情要發生了。同樣的，請假的天數突然變多，很可能實際上是為了掩飾員工出外去面試。找新工作的員工，可能會開始跑到會議室裏撥打私人電話。

CEB總部位在華盛頓，是一家專攻最佳實務操作洞見與科技的公司，他們所做的新研究不僅檢視員工離職的理由，也討論時機。《哈佛商業評論》（*Harvard Business Review*）刊出一篇題為〈員工為何離職〉（Why People Quit Their Jobs）[2]的文章，文中引述了CEB人力資源實務操作部門主管布萊恩·卡波（Brian Kopp）的話：「我們發現，真正影響員工決策的是，他們感受到自己和同儕團體相較之下的表現，或者是他們認為在人生哪個階段時，應該有哪些成就。我們學到，要把重點放在讓人們會去做比較的那些時候。」

員工容易細數自己生涯成就的場合時機，包括生日時，尤其是幾個中年里程碑，比方說四十歲或五十歲，工作經歷滿一定年資時（可能是進公司的日期，或是擔任現職的日期），或者出席高中同學會或大學同學會時。這些都是很自然會讓人反思的時機。你可能不知道員工何時要去參加同學會，可能也沒注意到他們要過大生日了，但是你絕對可以記下他們的任滿紀念日。在員工任滿日期之前的幾個星期，約他們談一談，問問看他們是否覺得工作具有挑戰性，是不是很有意思？他們是否有清楚的路線，規畫自己在組織裏的下一步？這類對話可以讓你有時間介入，並向你的員工證明，最好的職涯成長機會很可能就近在眼前。

如何準確找出員工離職的真正理由

想像一下，你花了無數的時間和金錢努力去解決一個問題，但到頭來這根本不是個問題；一直以來，真正的問題都還在。舉例來說，前一陣子有人問我要不要和一家大型飲料公司合作，幫助他們提高員工留任率。他們算過，如果業務人員在到職一年內離職，公司一年要損失幾百萬美元。我告訴他們，如果他們要我協助，我必須先判斷我們要對付的問題是什麼。他們同意了，這對他們來說是好事。

這家公司並沒有員工留任的問題，他們的問題在於聘用。以下這個範例可以說明發生了什麼事。該公司去一流的明星大學招募業務員，等到這些名校業務員發出離職通知說，他們要去上醫學院或法學院時，公司大為驚愕。他們的校園徵才方案鎖定位在市區的大學，但公司的基層銷售職位有一半都在郊區，這也難怪這些新進人員紛紛離職，因為打從一開始，他們就不怎麼適合。如果我沒有發現這一點，公司到今天仍每年損失數百萬美元，而且與他們來找我協助時相比也沒有太大進展。

從中學到的教訓是，要先做好實地調查（或者聘請他人，在沒有偏見之下做好這件事），不要一開始就動手，因為你試圖解決可能是外顯的徵狀，而非真正的問題。我很高興向各位報告，我這位客戶推動了許多我提出的變革，包括重新調整他們的大學徵才目標，在一年內，公司業務人員的流動率就下降一半。

如果員工是因為你而離職，應該怎麼做

我在本章中一開始就談到員工因為主管而離職。由於這種事發生的頻率很高，如果我避談員工是因為身為主管的你而離職時應該怎麼做，那就是我懈怠了。

我們先從你不會想做什麼開始談起。非常有可能的情況是，人力資源部門的人在和你即將離職的部屬進行離職面談之後，對方針對你說了一些不中聽的話，人力資源部門的人告訴你，你一開始的反應當然是採取防衛姿態，並反問：「他到底說了我什麼？」不要上鉤。你只要傾聽就好。這位員工對人力資源部門人員所說的話中，有任何事實嗎？員工是不是忘了說明當時有些情有可原的條件？若是這樣，最好的回應就是請對方給你一點時間，讓你好好想一想剛剛聽到的回饋意見。如果有需要做出任何反應的話，這可以讓你做好準備。

你也不會想去找其他現任的員工進行蒐證調查（就像你最愛的犯罪影集演的那樣），看

看他們的感受是否和即將離職人一樣。對方說的話中很可能有一些的確是事實。

我建議你想一想，收到這些回饋意見之後，你願意有哪些不同的作為。有些時候，道歉是很適當的做法。我很清楚，如果我收到的回饋意見指出，身為主管的我嚴格鞭策我的員工，我會把團隊聚在一起，為了我的遲鈍而道歉：雖然我在工作以外沒有私生活，但他們有。之後我會要求有人充當自願者，當我又積習難改時，針對我的行為大聲提醒我。道歉可以很有用，但前提是你的歉意是真心的，而且承諾未來有所改變。

多數人都很難改變行為，也因此我建議你尋求協助。有些人會加入支持團體，或是以個人的身分和別人合作，以求改進自己。你也可以這麼做。看看人力資源部門裏有沒有人願意當你的教練，幫你磨平可能會刺傷他人的稜角。問問看公司願不願意幫你請企業教練；如果行不通，你可以考慮自己投資，放手去做。當我擔任別人的教練時，他們總會提到一點，那就是真希望早幾年前就能和教練合作了。你有機會馬上就去做，別耽擱了。

如何營造出與員工之間的磁吸力連結

在我最新出版的新書《磁吸力主管》（暫譯，原書名 *The Magnetic Leader: How Irresistible Leaders Attract Talent, Customers, and Profits*）[3]中，我寫到了所謂「磁吸力主管」：這種人的

領導風格讓人完全無法抗拒，不管服務的對象是誰，他們都能與之建立起極為緊密的連結；他們是眾人欣羨的目標。他們不會為了失去出色的員工或好客戶而惶惶不安，因為這種事發生在他們身上的機率少之又少。當然，可能會有人覺得有些人天生就有魅力，但我們也沒有絕望的理由；絕大部分的磁吸力，都可以藉由學習培養。

員工真正想從主管身上得到的是什麼

很多主管認為自己很有吸引力，但實際上完全不是這麼一回事。在我為了寫作《磁吸力主管》而做研究時，我與超十二位我認為他們具有磁吸力的領導者談過。我請教他們是否願意分享培養磁吸力的祕方。以下這四項元素，可以成就充滿磁吸力的領導。至於其他詳細內容，你得自己去讀一讀《磁吸力主管》。

1. 真誠真確

當我問道：「那些因素能讓一個人成為磁吸力主管？」那些接受我訪談，協助我寫書的人表示「真實真確」（authenticity）經常是他們最早會說出來的詞彙。具備磁吸力的主管不會試著變身成不是自己的那種人，也不會因為辦公室的權力鬥爭而取改變自己。他們堅守自我，和他人交流時坦誠以對。他們不怕揭露自己的錯誤或缺點。比方說，二〇一〇年，華倫・巴菲特（Warren Buffett）就是一位真實真確的領導者，他公開說，他買進波克夏海瑟威公司（Berkshire Hathaway）是一個價值兩千億美元的錯誤。

員工並不預期主管必定要完美，但是主管卻努力隱藏自己的缺點。偶爾承認你錯了，並分享你的希望與恐懼，會讓其他人把你也當成一個人，而不是電影《老闆不是人》（*Horrible Bosses*）裏，由凱文・史貝西（Kevin Spacey）飾演的惡主管哈金斯（Mr. Harkins）辦公室真人版[4]。

2.透明

透明的主管，溝通時會一貫地開誠布公，他們說得很白，因此，大家不用去猜主管說了什麼話時實際上是什麼意思。這種程度的公開透明，通常會傳播到更廣大的組織文化裏。當我在想誰是透明的主管時，心裏第一個想到的就是薩波斯（Zappos）的執行長謝家華（Tony Hsieh）。打從一開始，早在部落格風行之前，謝家華就公開分享薩波斯公司裏發生的一切（無論好壞），讓員工和客戶都能看到。事實上，該公司的全員大會都在網路上直播。

如果以一分到十分評分，十分代表透明程度高，你對自己的透明度打幾分？如果你要花幾秒鐘想一下才能回答，表示答案就是「還不夠高」。想像一下，如果你效命的主管只告訴你部分事實，那將如何。你會信任此人嗎？你會為了他兩肋插刀嗎？可能不會。無疑的，有時候你就是無法做到徹底透明，比方說你不能揭露管理團隊正打算縮減人力的對話，但這並不表示你就不應告訴員工，現在可能不是買下夢想美宅的最佳時機。如果員工進一步探詢，你要解釋，到目前為止你能透露的就是這麼多了。

3.持續回饋

有一天，我曾經和一位具備磁吸力的執行長討論回饋這件事。他說（而我也同意）強大的領導者要提供持續的回饋，就算他要說的話可能不是對方期待的，也要這麼做。他對我說了一件事，說他曾經必須對一位由他管理沒多久的部屬說明，為何對方無法獲得升遷。雖然對方聽到這件事很難過，還是很感謝他坦誠相待，並說這是第一次有人對他說這些話。就是這樣的態度，得以培養磁吸力。這位執行長真實真確、公開透明，而且提出了讓員工可以用來改善自身的回饋意見。太棒了！

全球顧問業領導者美世顧問公司（Mercer）最近做了一項研究，題為「從員工的觀點看往上爬 vs. 向前進」（Employee Views on Moving Up vs. Moving On）[5]，結果發現半數以上（百分之五十二）的員工說，對於要如何才能在職務上有更好的表現，他們的主管「沒有提供意見」或「偶爾才提供一次意見」。你看看，如果你在這方面要脫穎而出，談何容易？

你不需要在智慧型手機裏設定提醒，告訴自己應該提供回饋意見給員工了。當你看到團隊成員有好表現時，請說出口。如果你同意不告訴員工他的工作表現未達預期，就代表你失職，那麼就請展開對話，不要等到以後你每天晚上都祈禱他會自動辭職，好讓你不用對他說出你真正需要說出口的話。

4.職涯發展

你有沒有遇過先考慮你的職涯發展，然後才想到自己的主管？我也沒有。當我之前還在組織裏慢慢往上爬時，職涯發展不是這麼重要，這可能是因為我的公司裏有正式的管理訓練方案。如果你沒有受邀加入方案，你就知道自己沒有機會了。

現在情況不一樣了。隨著競求人才白熱化，公司把員工的職涯發展列為優先事項，把這當成低成本的留才方法。在此同時，企業也在為主管不願對員工說清楚職涯發展而傷腦筋，這會影響到員工的忠誠度，對於員工的留任率也有負面影響。

職涯發展對話耗時費力，然而，如果你不只是把職涯發展對話當成例行工作，再怎麼樣都得擠進你滿載的工作時程，或許會發現自己還滿享受幫助他人達成目標、實現夢想。

一開始時先問員工他希望在一年裏達到哪些目標，然後往後延長幾年，讓你們一起做個計畫，幫助他達成他設定的目標。去找你的人力資源部門代表，看看可以幫你的直屬部屬爭取哪些內部資源。

離職演說：為何你應在員工到職第一天就和他道別

所有主管都應該在員工到職的第一天或前幾天向他道別。你可能以為我在開玩笑，但我沒有。我的同事，也是會計科技公司潘納利提克斯（PANALITIX）的執行長羅伯・尼克森（Rob Nixon），有一天在臉書上寫了一篇讓我讚嘆的貼文，我問他能不能讓我和他人分享，他很樂意。尼克森曾經告訴過我，他的公司裏一年有二十五個人離職，而公司裏的職缺是十五個。他發現他有麻煩了，而問題就在於他。他嚴格檢視自我，弄清楚他想要留下哪些傳承，又希望員工得到哪些經驗。以下就是他的貼文，他的標題是「離職演說」（The Leaving Speech）。

> 到今天剛好滿五年兩個月，但也是另一個時代的開始。我們其中一位高績效明星員工雪倫・麥可拉菲蒂（Sharon McClafferty）即將離職另謀發展。她剛進公司時擔任銷售協調人員，很快就晉升為業務人員，擔任此一職務時，她的銷售業績很快超越其他經驗豐富的專業人士。短短十二個月內，她已經成為業務經理，培育並領導一支由七位員工組成的團隊。投效本公司之前，她從來沒有銷售經驗，但是，五年之內，她的銷售業績

創造了超過五百萬美元的新營收。她是一位不折不扣的超級明星。雪倫從事銷售工作時從不刻意銷售，這就是差別所在。她非常善於培養關係，能為與她交流的人創造出不同的局面。她告訴我，她為會計師提供超過七百五十次的諮商，這真的很了不起。

在她上班的第一天，或是前幾天時，我就對她發表過這篇「離職演說」，內容如下：

「雪倫，歡迎加入團隊，你能來這裏讓我們備感興奮。我很確定，你很適合這份職務，我也知道這個星期會很忙，但我想花幾分鐘和你談談你離職的那天。你有一天會離職，大家都會有這麼一天。我知道今天是你上班第一天，我也知道未來有一天你要離開，因此我想，現在我們應該來談談這件事。對於一定會來到的那一天，我有幾個期許與希望。首先，我希望我們好聚好散。我不想看到你是因為無法發揮所長而遭到開除，或是因為公司業務縮編害你變成冗員。其次，我希望你能學到很多，也能有很多貢獻，還能夠享受很多樂趣。第三，我希望你能實踐我們的價值觀、服務和文化標準，並把我們訂下的標準變成你生活的一部分。最後，當你回顧這段時間，無論多長多短，你都能深情回眸，因為這是你職涯中非常出色的一段。歡迎來到這個團隊，我的話說完了。」

每一位員工到職的前幾天我都會這麼做。雪倫滿足了我的每一項期望，也成為一位出色的專業人士。

如何寫出讓員工留下的離職演說

我會建議我所有客戶寫下他們自己的離職演說，我也建議你這麼做。當你在寫的時候，要發自內心。你可以從以下這幾個問題開始。

- 你能為員工提供哪些可能與夢想？
- 他們認識你之後，如何能變得更好？
- 你希望他們如何看待為你效命的工作經驗？

現在，想像一下你成為新進人員，並聽到如尼克森的這番離職演說。如果你和我一樣，你可能會以為你終於找到一個好主管，真正關心你在他的指導下有哪些體驗。這樣最棒了。當員工遇見一位主管真心承諾，要確保他們離職那天能和到職那天一樣滿足，而且在這之間的每一天也都意義非凡，我懷疑還會有多少人會想著要跳槽。

留任面談

許多公司仰賴從離職面談上蒐集到的資訊，來提高留任率。這套策略的致命錯誤，在於離職面談是回應式的，而且唯有當員工已經下定決心離職之後，才會有這場面談。

留任面談則是在員工仍在你公司任職時進行，這類會談帶有預防的性質。請把這些面談想成你和員工之間的對話就好，你試著弄清楚他們繼續留在公司的機率，並判斷你在哪些面向上可以有所改進，以利保有他們的承諾。

你無須一對一進行這類面談：對於管理大型工作團隊的人來說，這是好事。持續證明他們願意，而且能夠根據員工所提意見，做出改變的主管，最能順利借助留任面談保住員工。同樣重要的是，你要告知他們，哪些是你無法或不願處理的特定議題領域。透過這樣的方式，員工才不會覺得自己的意見遭人忽略。

所有主管都應定期詢問員工的問題

我喜歡把事情變得簡單，我也鼓勵你這麼做。你應該定期詢問員工以下這些問題。

1. 狀況如何？
2. 你還需要我提供哪些額外協助，好讓你在這個職務上能有成就？
3. 你有多可能把我們這個團隊或公司推薦給其他人？
4. 你在公司裏下一個想擔任的職務是什麼？我要怎麼做才能為你提供最好的支援？

丟掉多餘的包袱

你還記得嗎？小學時你在遊樂場上都站在一邊，不斷期待與祈禱全部都是明星球員的那一隊會挑到你？長大之後的情況也差不多。好的員工希望和其他好員工合作，他們不想從幾乎停滯不前的那群人中挑夥伴。

到現在，你也該評估團隊，並採取行動，做出你好幾個月前就應該要做的決策。如果你想要留住最好的人才，就必須給他們留下來的好理由。和全明星團隊合作，就是很好的留任理由。現在，你該丟掉拖累整個團隊的多餘的包袱了，而且立刻就做。

【重點整理】

- 剛剛上任時，員工很少認為自己是要在這家公司裏暫時騎驢找馬。員工會離職有幾個理由，包括不喜歡主管，還有看不到升遷或成長的機會。有幾個信號透露員工可能正在另覓新職，例如他們突然在領英等網站上新增大量的聯絡對象、午餐時間延長，還有在會議室撥打和接聽的電話變多了。辨識出這些信號，可以幫你在他們永不回頭之前把人帶回來。
- 有時候員工是因為你才離職，請認真傾聽你得到的回饋意見。如果你不只一次聽到同樣的訊息，很可能那是事實。請尋找內部或外部的企業教練幫助你磨平可能會刺傷他人的稜角。
- 如果你希望你的員工久任，請考慮去做一些成為磁吸力主管必要的功課。努力做到真實真確、公開透明，並且持續給予回饋，並為你的員工提供職涯發展機會。
- 主管若希望能確保員工在離職日和到職日都能得到同樣的滿足，在這之間的每一天也都意義非凡，員工就會為這樣的主管獻出真心。撰寫你自己的離職演說，有助於保證你預期為員工營造的經驗會成為他們的真實體驗。
- 以留任面談取代離職面談。
- 定期和員工保持聯繫，並詢問他們的工作進展，你可以提供哪些協助，好讓他們在工作上更有成就，他們是否願意把你這個工作團隊推薦給其他人，以及當他們在推進職涯發展時，你要如何為他們提供最好的支援。

- 剔除拖累整個團隊的績效不彰員工。這麼做，你就能擁有沒什麼人想離職的全員都是明星的團隊。

二十三歲時，我必須負責督導一位員工，而他還有直屬部屬。我最新的職務是擔任默克（Merck）的製造部主管，在這個角色上，很多直屬部屬的年紀都比我大。事實上，在他們當中，有一半部屬的小孩，年紀都比我還大！

如今，領導團隊時，我會努力營造團隊合作的工作文化，和以共同使命為依歸，讓全公司都感受到的自豪感。當團隊以一個小組的立場在做事時部屬與主管之間的關係最好，而且每個人都是贏家。

——小麥可．艾爾斯頓（Michael Alston, Jr.），斯特羅基因生物分離公司（Sterogene Bioseparations）副董事

第六章

向下管理

世代整合

——善用職場差異，化為機會

這是我自己的感覺嗎？現代職場的面貌真的和以前大不同了。有史以來，第一次職場上匯集了四個世代人（或者是五代，答案因人而異）。從一九五〇年代以來，這是很大的改變，當時美國有百分之六十的勞工都是白人男性。這些男士通常是家中唯一負責家計的人，而他們期待自己在六十五歲之前退休，好把剩下黃金歲月花在高爾夫球場上。半個世紀居然能創造出這樣的天差地別！

如今，有些人甚至都已經四十好幾才開始就業，也有些有技能的勞工在完成養家的責任之後重返職場；有些則自願（為了嘗試新事物）或非自願（外派）轉換跑道。由於二〇〇九年經濟衰退，年紀較長的嬰兒潮勞工（生於一九四六年到一九六四年之間）延遲退休時間，因為他們要想辦法重新累積退休資產組合。這種現象影響我們一批X世代（生於一九六五年至一九八一年之間）感到沮喪。因為這些人原本以為，他們應該可以搬進有著落地窗的邊間辦公室，另外，以美國來說，還有一群約七千五百萬人的年輕工作者，也就是所謂的千禧之子（生於一九八二年到二〇〇〇年），而這一群人每天都在挑戰你原本做事的方式。（本章稍後會談到千禧之子對於職場的貢獻）

彷彿管理這件事的挑戰還不夠一樣，現今的主管還必須善於運用不同世代勞工的差異，並把差異轉化成機會。要能做到這一點，你必須先了解每一個人的來歷，這樣你才能更了解他們要往哪裏去，以及管理他們的最佳方法是什麼。

見見不同的世代

貼近檢視每一個世代的差異及彼此的共通性，你就能做好更妥善的準備，以整合你的人力。且讓我們從遇見不同的世代開始。

當然，不是各世代裏的每一個人都符合以下敘述的特性，但若你讀一讀他們的故事，你大致上可以勾勒出一幅圖畫，了解各世代的概況。有一些人可能會覺得，你和代表你所屬世代的那個人毫無相關之處，這可能是因為你是在人口統計學上的末端。如果你屬於某個世代的端點，你可能比較像前一個或後一個世代。但是，我們當然都認識一些非常符合這些敘述的人。

【了解四種世代，善用職場人力】

1.傳統世代（生於一九四五年以前）

見過馬克斯（Max），他是屬於傳統世代。馬克斯現在位居資深管理階層，他在大蕭條（Great Depression）的陰影下成長，總是對於能保有一份工作而心懷感激。三十五年前他就進入這家公司，從收發室做起，自此之後對這家公司忠貞不二。

馬克斯適應數位科技的速度很慢。他會用電子郵件發送孫兒的照片，發給辦公室裏任何個想要看的人，但是他不大會利用電子郵件發送工作附件檔。這一點讓年輕的員工百思不得其解，他們不斷被馬克斯叫進辦公室，協助他處理數位科技方面的問題。

多年來，馬克斯一直在為他的「黃金歲月」存錢，但是他和其他同世代的人都沒能預見，股市會在他預定退休之前一落千丈。因此，馬克斯目前沒有計畫要離開他舒適的邊間大辦公室，這讓其他年輕的同仁倍感失望。

2.嬰兒潮世代（生於一九四六年至一九六四年之間）

來見見屬於嬰兒潮世代的芭芭拉（Barbara）。她認真看待她的工作（也有人說她太認真了）。芭芭拉很高興能成為第一代能選擇工作或持家的女性之一。

熟悉芭芭拉的人會說她很愛競爭。她這一輩子都在和其他千百萬嬰兒潮世代的人競爭，這些人全都為了有限的工作而爭相競奪。

就像許多嬰兒潮世代的人一樣，芭芭拉試著兼顧一切。她的工作時間長到嚇人，但她一邊又還要照顧家庭及年邁的雙親。芭芭拉認為，公司裏的年輕人很崇拜她能兼顧一切，但是，事實上，大部分的人都在想，一個人為什麼要付出自己的一切，獻給明天很可能就要叫他們走路的公司？

3. X世代（生於一九六五年至一九八一年之間）

麥可（Michael）屬於X世代，就是一般說的新人類。他是一個很隨性的人，看到他的第一眼，你絕對猜不到他是管理階層，這是因為他的穿著打扮很隨性。麥可不懂，把可支配所得花在乾洗費用上有何價值可言？每天衣冠楚楚又如何？畢竟，有多少人會跑到他的辦公室來找他？

麥可是那種喜歡動手把事情做好的人，他不了解為什麼嬰兒潮世代的人需要「會前會」，這種以一個會來討論另一個會的方式，實在很沒效率。他寧可按照自己的方式把工作做好，這代表他很少在上午九點之前及下午五點之後人還在辦公室。

麥可的辦公室少有多餘的物品，因此，他可以隨時收拾妥當，立刻走人。你知道，麥可青少年時期，剛好碰上企業精簡規模。他的父親被裁員多次，多到連麥可都記不清楚有次數。所以，麥可很清楚，沒有什麼工作是一輩子的。

4. 千禧之子（生於一九八二年至二〇〇〇年之間）

來見見艾胥莉（Ashley）。她年輕，打扮入時，而且，她也已經準備創業，發展屬於自己的行銷事業。

有事找她？喔，那只要等她用手機下載完最新的熱門歌曲；對了！她是在上班時間內完成音樂下載。

艾胥莉這一代人成長的環境，是由直升機父母替他們做好所有的事，在某些情況下，到現在甚至父母還在幫子女打點一切。她問了很多問題，而當她忘記什麼事時，她媽媽就會隨傳隨到、立刻出現！

就像她的同輩一樣，艾胥莉習慣一心好幾用的多工作業。

她是3C達人，任何剛剛問世的科技產品都馬上入手，打字的速度比辦公室裏任何一個人都快，但是，她寫不出一封適當的商業書信。

什麼？商業規範（business protocol）？你夠了吧你！

艾胥莉當然對於付出努力這件事完全不感興趣，過去如此，未來也是。

她是一位關心社會的公民，在她的辦公室小隔間裏還放了一盆植物。

她相信她這一代人將會改變世界，扭轉乾坤。咦？這句話聽起來有沒有很耳熟啊？

5. Z世代（生於二〇〇〇年之後）

她是克蘿依（Chloe）。克蘿依聰明，可以講贏Snapchat上的任何人。她的父母鼓勵她去考駕照，但她不懂理由何在，因為她隨手就有三個共乘的應用程式可用。

克蘿依從還是寶寶的時候，手裏就有各種裝置可玩了，她的科技素養可能勝過任何世代的人。

Z世代中年紀最長的一群人才剛剛高中畢業，有些目前正在做些兼職工作，而且是按照他們自己訂下的工作條件。

他們很快就發現，企業需要他們的程度，超過他們對企業的需求。當未來局面翻轉，勞動市場再度變化，情況應該會變得很有趣，因為這個世代的人，可能必須按照別人的條件來工作了。

Z世代的人欣賞在虛擬團隊中工作的方式，接受度超過其他世代的同事，因為他們已經習慣在螢幕前與人面對面。

很多人習慣同時使用五個螢幕（電視、手機、桌上型電腦、筆記型電腦和平板電腦），心思很容易就跑到別的地方去，因此他們偏好簡單的溝通。

如果一個表情符號或貼圖就能說明，何必浪費文字？

世代交替大地震：人口結構改變對職場人力造成的影響

由於我們正面對創下歷史新低的失業率，世界上很多地方都有勞工短缺的問題，因此現代的主管必須費盡心思，努力做到讓每個人都滿意。從職場上不同世代的描述當中你可以發現，說到如何讓員工在工作上滿意又開心，沒有一體適用的答案。但是，還是有些實務做法可以打動所有員工，無論年紀大小。以下是一些你可以考慮的選項。

【做好三項準備，迎接職場的世代交替】

1.要有彈性

不管員工提出的彈性工作要求有多麼天馬行空，你都得考慮修正、願意調整。當然，組織裏可能從沒有人半年在波士頓、半年待在邁阿密，但是，難道史無前例，就代表一定辦不到嗎?比方說，連鎖藥妝店西維斯（CVS）以及居家裝潢家飾零售商家得寶（Home Depot）都提供機會，讓員工在天寒地凍時可以休假避冬，等到大地恢復生機時才回巢上工。這樣做的話，能讓公司能留住有經驗的員工，當他們再度返回工作崗位時，馬上就可以開工。

藉由這種配合季節的工作安排，主管也可以調整不同地點的員工人數，以滿足旺季突然湧入的大量人潮。許多小型公司現在也紛紛加入候鳥行動，尤其是針對那些經常在兩地跑來跑去的員工。時至今日，設置住家辦公室的成本已經非常合理，因此，許多員工也以更開放的態度看待這類選項，如果你拒絕就等於失去一位重要員工時，更應做這類安排。這種方式可以讓年長者將退休視為機會，用適合他們的方式繼續工作。

讓你的員工解決他們自己的問題。如果員工來找你，希望能把工作分出去，那麼，請他找到另一個願意且能夠接下這份工作的人之後，再一起來找你。

如果員工要請假去照顧年邁的父母或生病的孩子，請盡你所能給他必要的時間。當他返回工作崗位，他會比請假之前更投入工作。

和企業主或資深管理階層談談，看看公司能否提供階段式退休方案。有時候，知道你可以選擇在任何時間退出組織，比你實際上去做還更重要。所謂階段式退休，就是允許員工可以先縮減工時或減輕職責。有些員工會試著縮減工時，這樣做只是為了了解自己有多喜歡全職工作的安排。階段式退休的選項對很多人來說都頗具吸引力，因為他們可以在比較有彈性的條件賺得收入，而雇主也可以延長留住重要員工的時間。

2. 接班規畫

接班規畫是一套流程，組織要藉此確保能聘來並培養出必要員工，以填補公司內部每一個重要的職務。通常是大型機構會執行這類規畫，因為他們有資源可以這樣做。但是，這並不表示你不能靠自己去做這件事。事實上，高效主管會一直這樣做，但可能是比較非正式的方式。

請把現有的員工以及他們的職位製成一張總表，之後再詳細檢視每個職位必備的技能。現在，想一想，如果其中有某個人離職，你可以把誰填進每個職位。如果有哪一個工作是你目前工作群裏無人可以勝任的，那請問問自己，你這一群裏的某個人需要哪些資源，才能做好準備，擔起這個角色。現在，請開始替這位員工做好邁向下一步的準備，給他訓練、發展與指導，以確保當時間到時，他能準備就緒，擔起這樣職務。傑出的主管永遠都在尋找方法培養他們的員工，他們不大擔心因為員工跳槽到另一家公司，而導致投資付諸流水，因為他們知道，只要用適當的態度對待員工，員工將會長久相隨。

有些人可能會疑惑地想，為何會有人想要訓練替代人選？理由如下：如果沒有人能輕鬆擔起你目前的職務，你的主管可能會對於是否要拔擢你感到舉棋不定。

3.根據潛能聘用

如今，你更需要能在根據潛能聘用這一點上表現絕佳。如果你的團隊很特別，當中有一些非常資深的人，那你就要知道，要不了多久，你就必須從年輕一輩中找人。聘用新人時，你一定要找證明他們有成長潛力的那種人。畢竟，這種人可能很快就會成為你的「第一流」團隊，速度比想像中更快。

破解四個常見的世代迷思

「他們對工作興趣缺缺。」

「他們對數位科技一無所知。」

「他們只不過是一群吵吵鬧鬧的小孩。」

拜託，真是夠了！我已經厭倦了人們設法把每一個人貼上標籤，以刻板印象當成藉口，好讓他們的說辭聽起來很機伶。

職場上，我們會聽到許多和世代有關的常見迷思，若抱持這種刻板印象，會嚴重影響我們在職場上將不同世代整合在一起的能力。我要建議大家必須打破這些迷思，這樣你才能專心去做必要做的事，主動連結起職場裏的所有人。打破迷思的最佳做法，是分享各個世代的共同點。以下是你很可能會聽到的四個世代迷思。

【四個職場內常見的世代迷思】

1. 年輕的員工很懶惰

你只要在下午五點之後走一趟辦公室，你就可以親眼見證。多數的年輕員工已經不見蹤影。因此，我們當然可以假設他們很懶惰，而且他們不願意為了在組織裏往上爬而付出多餘的時間。

為了要做世代研究，我曾經和全美各個機構幾百位千禧之子談過，他們說的一句話不斷浮現：

「不要把我們可以快速完成工作的能力，誤認為懶惰！」

這一群人不懶，他們工作效率很高。因為他們工作起來很有效率，因此不認為自己應該整天坐在辦公室裏忙。我真希望我在他們這個年紀時，就能這麼聰明。我浪費寶貴的時間把報告改來改去，巴望著我的主管回家，我才敢在他離開辦公室之後下班！

2.年長的員工不想學

真的嗎？或許你應該對家住華盛頓州波爾斯波市（Poulsbo, Washington），已經八十五歲的唐・維丁（Don Weedin）說這句話，四十歲時，他回到學校，拿到高中同等學歷（G.E.D）。每天也都有幾百萬的年長員工決定離開現職，繼續向前邁進，或者就乾脆離開職場，因為他們覺得在現在的位置上，已經學不到什麼了。

不分年輕或年長，很多人之所以要工作，就是因為他們喜歡接受挑戰。就算你來日不多，也不表示腦袋從此停工。為你的資深員工提供新的學習機會，看看他們能持續開出什麼花、結出什麼果。

3.X世代不大願意為了工作而承諾付出

他們會馬上走人，這是真的嗎？麥可・許普曼（Michael Shipman）是X世代，他是一位人才與組織發展副總，任職於總部位在麻州漢諾瓦（Hanover, Massachusetts）的羅克藍信託公司（Rockland Trust）。

他與這家公司裏的其他許多X世代全心投入，以達成公司的使命與目標。當麥可說到，羅克藍信託公司最近獲得《波士頓環球報》（*Boston Globe*）評為「麻州百大最佳公司之一」

（One of the 100 Best Companies in Massachusetts）時，他可是與有榮焉、興奮莫名。

催化管理顧問公司（Catalyst）最近所做的一份研究發現，X世代的人，對工作與事業都展現高度的承諾。有百分之八十五的受訪者說，他們在職場上的前途命運至關重要；百分之八十三的人表示，他們願意付出超過一般人預期的努力，以協助組織成功。不分年齡，當人們覺得自己可以創造出不同局面時，就會對組織展現出高度的承諾。

4.年長的員工缺乏精力

不管你做什麼，千萬記得，絕對不要對每年去跑波士頓馬拉松（Boston Marathon）的員工說，你認為他沒有足夠的精力，因此無法完成工作。現在的年長員工身體狀況很好，是他們的前輩難以匹敵的。

如果你運氣好，在演唱會上看到滾石合唱團（Rolling Stones）的主唱米克・傑格（Mick Jagger），你就懂我是什麼意思。

傑格年輕時曾對記者說，如果他到四十歲時，還在唱滾石的經典歌曲〈滿足〉（*Satisfaction*）的話，他會自殺以了斷此生。到了今天，傑格已經七十多歲了，仍舊生龍活虎（按：米克・傑格生於一九四三年七月二十六日），他不僅在大型體育場演唱會裏大唱〈滿足〉，還能唱到場外都聽得清清楚楚。看他的表現，誰還敢懷疑「年長的員工缺乏精力」？

激勵你的年長員工

之前我們討論過你可以怎麼做來留住年長員工。現在，讓我們簡單來談一談，具體來說，你可以做哪些事以維繫他們的動機。

人都喜歡別人向自己徵詢意見，對於年長員工而言，尤其如此。你可以考慮建立一套明師方案（**mentor program**），讓年長員工和年輕員工並肩合作，分享他們的專業和智慧。當你精於這一套運作模式之後，你可以建立一套反向的明師方案，讓你的年輕員工向年長員工分享他們的知識，後者可能會因為聽到這些新鮮的想法而受益，更別說那些如何使用數位科技並將功能發揮到極致的小祕訣！

你要徵詢員工的意見，如果公司正試著要擴大行銷活動，接觸人口特徵類似的目標群眾時，更是如此。當我看到應該是對準我這一類人的廣告時，我都會嚇一跳。我在想，是哪一個二十幾歲的年輕人，認為這個訊息會讓我這個年齡層的人引起共鳴？當你要為特定的人口群設計產品時，請問問組織裏符合資格、能提供參考意見的人。這樣做或許可以讓你不至於做出目標市場認為無用的產品，或添加太多他們覺得不好用的昂貴功能。

請透過行動證明，你並未規畫在短時間內以年輕員工取代年長員工，而且要以行動證明，不只是一張嘴巴說說而已。（當然，如果你的打算正好相反，就千萬別這麼做！）這樣可以幫助你打造出一個以忠誠和信任為基礎的職場，這是讓年長員工敬業投入、更有參與感的兩項必要因素。

救人喔！年長部屬把我當成他的小孩

對於必須忍受被年長部屬當成自家小孩對待的年輕主管們，我也感同身受。在我的早期職涯階段，曾有一位祕書，當我做了某件事讓她不高興時，她就會對著我搖動手指，就像生氣的父母對小孩搖手指那樣。說真的，這個動作曾經讓我抓狂不已。

最後，我再也受不了祕書搖手指的行為，因此我決定，該是和她好好談一談的時候了。當她聽我說她會這樣做時，她很震驚。因為，她很習慣對她的女兒搖手指（喔，對了，她女兒年紀和我相仿），這個動作已經變成這位祕書的一部分了。當她向我道歉保證不再犯，而且我們達成協議，下一次她生氣時要把雙手壓在屁股下時，我們兩人都笑了！

如果年長員工把你當成自己的小孩，可能他並不知道自己這樣做。因此，你要舉出具體的案例，讓他知道他做了什麼讓你有這種感覺，並請他提出建議，看他認為他可以做哪些事來改善整個情況。

發掘年輕員工的潛力

我非常崇拜千禧世代，他們的能力真是叫人嘆為觀止！但是，有些人可能從來沒有這種體會，因為許多職場裏的千禧之子，就像是闖進瓷器店裏的公牛一樣莽撞。但是，在我看來，千禧世代卻比較像是千里馬。只要有伯樂提供他們適當的訓練和指引，就能馴服他們，讓他們成為職場上真正有優勢的競爭者。

千禧之子想要、也需要架構。如果你是在經過他們的辦公桌旁時，順道把一個專案丟給他們從零開始執行，那麼，後果請自行負責。我的意思是，他們可能會每隔十分鐘就衝進你的辦公室，要求你進一步釐清細節。請你務必花一點時間，告訴他們你希望這件工作要怎麼做，他們會好好做。若你做不到，過不了多久，你就會焦頭爛額，希望能和千里馬溝通的伯樂趕快出現。

【重點整理】善用不同世代員工的優點

- 要在如今的商業環境下有所成就，主管必須善於運用不同世代員工的差異，並把差異轉化成機會。一開始，我們必須先了解每一個人的來歷，這樣才能更了解支援及管理他們的最佳方法是什麼。我們自己要熟知各個世代彼此間的差異性及共通性，這樣才能撤除阻礙我們整合員工的任何藩籬。
- 說到如何讓員工在工作上滿意又開心，沒有一體適用的答案。但是，還是有些受到各世代員工重視的最佳實務做法，例如要有彈性，以及持續投資員工的發展。
- 當嬰兒潮世代開始大批退休、離開職場時，我們將會看到職場態勢出現重大變化。有些產業，比方說科技業和零售業，由於這些產業傾向於聘用年輕員工，因此，比較不會因為這樣的趨勢變化而受影響。但是，在許多產業，包括公共事業及教育機構，嬰兒潮世代退休將會造成重大衝擊。請檢視你的環境，並據此規畫。
- 每一個世代都有人賦予莫須有的刻板印象、造成不必要的迷思。請你盡量忽略你從別人那邊聽來的世代差異，務必自行觀察、歸納結論。
- 每一個世代對於職場都有貢獻。你可以建構明師計畫（資深員工帶動年輕員工）或反向的明師計畫（年輕員工帶動資深員工），讓員工可以展現所長，同時引導在特定領域中較無經驗的其他員工。

我升官了，必須負責管理公司裏我最好的朋友。他試著利用我們是密友這一點占便宜，實際上他也這樣做了。

他期待可以獲得特殊待遇，辦公室常常不見他的蹤影，而且，還預期我不敢也不會對他怎麼樣。我的選擇有兩個，一是開除他，二是我無能開除他而丟掉自己的飯碗。

我以正當的理由開除他，並且學到如何管理部門的寶貴教訓，這些年來，這個經驗一直惠我良多。回頭看，對於我努力要管理的那個組織的產能而言，他是毒藥。

做你認為正確的事，到最後，一定會出現最好的結果，就算這兩件事不是同時出現，那也不要緊。

——雷・麥可提爾（Ray McTier），雷・麥可提顧問公司（Ray McTier Consultant）管理和技術策略專家

第七章

向下管理

應付問題員工

——讓你在崩潰時仍保持清醒的策略

如果你問主管最不喜歡工作的哪一個部分，多數人會說「處理問題員工」。問題員工是人生的現實面，你愈早學會如何應付問題員工，你的工作就會愈輕鬆。但是，等一下，你可能會想，如果你按照我之前說的，聘用適當的人選，那你就不用煩惱這件事了。

長期來看，環境會變，人也一樣會變。想一想，你認識的人當中曾遭逢人生巨變的那些人。比方說，你能不能想到，有誰是在照料年邁父母或經歷婚變之後，整個人的性格發生巨變的人？或者，一直以來似乎都是模範員工的人，到了公司決定凍結薪資之後，他們又會變得如何？

最好的因應之道，是要為一切做足準備，這樣做，最糟糕的下場也不過是你沒有機會用到這些技能。但是，就像是消防演習一樣，你最好要知道所有的緊急逃生出口在哪裏，以防不時之需。

有毒的員工

讓我們從定義什麼是「有毒的員工」開始。就我們的討論目的而言，這裏指的是，這位員工的負面行為與態度，對於和他互動的每一個人都造成直接影響。代表你所處職場上出現有毒員工的信號，包括勾心鬥角、暗箭傷人與被動攻擊的行為（以被動或弱勢的立場顯現攻擊行為），或是對立、爭執、為了反對而批評，以及身處在重視合作的企業文化中卻無意協助他人。

有毒的員工傳染力強，如果你不採取立即行動，多半會汙染其他員工。通常，唯一有用的解決方法，就是剷除此人。

某些有毒的員工並不知道自己有毛病，通常，這是因為大家害怕他們的怒氣，因此從來沒有人勇於和他們硬碰硬。想一想，那些在遊戲場霸凌別人的小孩。只是，這一次，你已經不是五歲，而且，令堂也不會出來維持秩序，確保每一個人都能好好地玩。

應付霸凌（或者是我們討論中的有毒員工）唯一的方法，就是直接面對他。在你發動攻擊之前，要先確定你已經進入備戰模式。一開始，要先寫下所有你注意到的行為，以及這些行為對組織造成的衝擊。你必須非常具體地說出觀察到的行為。

舉例來說，如果你對一位有毒員工說，其他人注意到他的態度惡劣，這樣毫無幫助，只會火上加油。他最可能給你的回應是：「你說我態度惡劣是什麼意思？有問題的人不是我，是你！」大概就是這個時候，你可能很想拔腿離開會議室，去找令尊或令堂出面接手處理。

如果你能為這位員工提供你觀察到的細節，以及員工行為對其他同事造成的影響，現在再想一想這場對話將會如何發展。例如，你可以這麼說：

「約翰，我注意到你在會議中，不讓別人把話說完，就急著告訴對方為什麼他們是錯的。比方說，上星期五比爾分享意見，討論如何修正導致新產品上市延遲的軟體錯誤時，他話說到一半就被你打斷，你對他說，他的點子一定沒用。我相信你不是故意這麼做的。但是，發生這種事時，我不知道你有沒有像我一樣，注意到比爾和團隊裏其他人對你的行為有何反應？大家似乎都閉上嘴，不再願意努力解決這個問題。」

某些時候，這將是突破的時刻。約翰可能會要你多舉些例子，因此，你要做好準備，提出你觀察到這種事發生不只一次。他可能會要求你提供建議，看看他要怎麼樣改變他的作風。準備好，針對你預想的問題擬些答案。

如果情況沒有改善，又該如何？你僅有一次機會能扭轉這樣的行為。我的建議是，你要和員工一起提出執行計畫，包括你確實要求的事項，以及你希望這位員工改變現狀的確切期限，還要納入若時限內無法達成任務將會如何。舉例來說，員工會因此而要接受正式的績效改善方案，或者他會因此遭到解聘？之後，你要確定自己針對你說過的話進行後續追蹤，讓員工知道，不管用哪一種方法，你是真心投入解決這個問題。

部屬陷入低潮時，避免從主管變成心理治療師

我們在工作上花掉很多時間，因此，工作和家庭生活之間的界線愈來愈模糊，這並不讓

人訝異。但是，當事情真的發生時，我們通常都沒有準備。我還記得，在我事業發展早期，有一位員工來找我，問我的想法，要我針對一件和業務相關的事提供意見。結果，我花了兩小時（多於我應該投入的）聽他描述婚姻問題，甚至談到他覺得還沒準備好進入婚姻。

當時，我是二十四歲的單身女子，對婚姻一無所知，更不要說離婚了，而且，那時我還在學要怎麼做好我的新工作。我希望給予部屬心靈上的支持，但是，這件事情讓我覺得，已經完全超過我的能力範圍了，沒錯，確實如此！

上述這種事情，也可能發生在你的身上，因此，你最好要有心理準備，知道該怎麼做。有一個好的起點，不妨事先問一問人力資源部或人資主管，看看公司裏有沒有員工協助方案。這類方案有豐富的心理諮詢轉介資源，可以為需要的員工提供專業服務。再加上所有的對話都會予以保密，而且收費低廉，甚至免費。

如果你所處的組織並未提供類似的員工協助方案，那麼，你該怎麼辦？你可以試試看非營利組織，或許他們能協助這位員工度過人生低潮。或者，你可以建議他，和當地教會或宗教組織談一談，導引他渡過難關。最好要在問題出現**之前**就先備妥相關資源，這樣一來，你就可以在辦公室之外找到一個地方，讓員工得到協助，避免自己身兼主管與心理治療師的角色。

用甜頭軟化員工

很多時候，優秀的員工也會覺得很不高興。若出現這種事，請想一想，你第一次注意到此人行為有變化是何時的事？是不是在你給了他出色的績效考核，但又必須告訴他無法為他加薪之後？或者，他是不是在公司宣布裁員之後，臉上表情變得暗沉？或者，公司是不是最近又叫你多管一個辦公室，因此，你能留給這位員工的時間就變得更少了？如果你找得出來員工是在那個地方走進岔路，你可能有辦法重新引導他重返團隊。

我之所要請你想一想這些問題，是因為如果你可以找出讓原本敬業的員工，突然變得心不在焉的特定事件（或許多事件），你也許能做些某些簡單的改變，調整你和他之間的合作模式。以下這個範例，可以進一步說明我的意思。

以獲得出色績效考核，但卻沒有因此得到加薪或獎勵的員工為例，我們可以找找看有沒有其他的方式，認同這位員工的付出奉獻？你可以詢問人資部門，看看可不可能讓他升官？或者，你也可以在下一次的全社大會裏，公開讚揚這位員工對於整個團隊的貢獻。你或許可以准許他，每星期可以有幾天在家工作。

當員工以負面態度對待工作時，你唯一不能選的選項，就是什麼都不做。員工心不在焉的情況並不會自己好轉，而且，在多數時候，只會變得愈來愈糟。你必須承認問題存在、分析你的選項，之後決定接下來你要怎麼做。

你可以用來減少衝突的工具

說到衝突，大家都同意的只有一件事，那就是對大多數人來說，衝突會讓人覺得很不愉快。人們都不喜歡處理自己和員工、同事，甚至是主管之間的問題，但是，粉飾太平絕對無法改善全局。這裏剛好有一個例子，說明為什麼避免和部屬衝突，並不符合員工、你自己以及公司的利益。

我最近和一位客戶聊過，他說到一位員工的工作表現不符合他的期待。這位員工拒絕承擔份內事（工作說明上列出的專案）。他也提到，她如何讓每一個人的日子過得很不開心。但是，他沒有直接處理這位員工，反而說等她自己在公司裏找到另一個職位，這樣一來，他就可以擺脫她了。

我建議他，採用不同的解決方法。不妨對這位員工說：「你與這個工作組織已經漸行漸遠，現在，應該要另謀出路了。」這樣說，絕對是以這位員工的最佳利益為考量，當然，也符合我的客戶的最佳利益，而且，這比等她自行求去所需的時間更短。他認為，我的想法太棒了！

但是，我知道，並不是每個人都願意或能用我的方法解決衝突。如果你可以使用更有效果的方式，要求看到對你自己、以及你面對的人皆有益的行為改變，那又如何？你會不會願意試試看？

讓我們先從改變看待衝突的觀點開始。不管何時，一想到衝突，我們很容易就賦予它負面意義。但是，衝突也有可能是好事，衝突能夠促進創新，衝突有助於想出好點子，並且把好點子變成很棒的點子。以下這個範例，可以說明我的意思。你有沒有注意過，最棒的點子通常都是由其他的點子衍生而來？如果每一個人都按照建議的方向行進，並且就此打住，想一想這將如何？如果會議室裏，沒有人提出手機除了接聽和撥打電話之外，還可以有其他用途這個點子，你覺得世界上會有像智慧型手機這種創新產品嗎？你可以閉上眼睛想像一下，在這場討論中，每一位參與者捍衛自己的立場，會議室裏四處激盪火花的場面！

衝突也可以帶來益處。讓我們回到之前我舉的例子，我說到有一位主管選擇不去面對他的員工。假設他願意面對這名員工，而且用讓她看到為何另謀出路最符合她自身利益的方式溝通，他很可能得以把衝突附帶的痛苦及干擾減至最低。在這個範例中，帶著尊重的態度面對問題員工，或許能讓對方獲得解脫，找到一個能獲得重視的職位，而不是卡在一個注定是死胡同的職位上，被直屬主管認定無可救藥。直屬主管甚至可以更進一步，協助她跨越離開組織的過渡期。

透過進一步的理解，以及更深刻的洞見，衝突帶來了許多成長的機會。但是，如果雙方都用準備面對最壞情況的心態來處理這個問題，就不大有機會出現這些益處。想像一下，如果你們兩人都預設對方會以友善的態度來解決問題，並以這樣的心態來面對整個情況，雙方的互動將會如何大不相同。之後，你們就可以朝著共同的願景而努力。我從莉比華格納事務所（Libby Wagner and Associates）的莉比．華格納（Libby Wagner）身上學到一套做法，提供兩種不同版本的職場衝突情境。

情境一：老方法

「湯米那傢伙！他總是在找輕鬆的方法擺脫工作。但是，這一次他實在太超過了。等我下一次見到他，我一定要告訴他，我已經厭倦收到應收帳款報表，卻沒有附上我要求的建議。我是他的主管，可不是他的保母！」

從這個情境中我們很清楚看到，在這一次會議上，情況將會變得很火爆。任何一方都不聽對方說，因為兩邊都忙著指責別人。這樣的互動，不大可能帶來改變。

如果主管以新的展望開啟對話，你覺得事情會如何演變？如果主管以尊重的態度要求湯米改變他的行為，那會如何？

情境二：新方法

「湯米，我們能不能坐下來，私下談幾分鐘？我有點搞混了。上一次我們談過，你同意周五中午前要把完整的應收帳款報表放在我桌上，並附上你對於應列入收款的帳款建議。但是，在之前四周的報告當中，你只有給我一份包括建議的報告。你需要我提供哪些資料才能協助你完成這項任務？接下來我們要怎麼做？」

在這次的面談中，主管態度給人的感覺，和第一種情境下大不相同。在這裏，我們會感覺主管真心想要支援他的員工。他的態度尊重，並試著成為解決方案的一部分。他並沒有放任情況繼續發展，晾在那裏六個月。否則的話，他可能會因為嚴重的挫折感，輕易就讓局面發展成情境一。

如果你開始把衝突當成進一步了解特定問題的方式，就比較不會變成一心想著要處理問題而感到胸口悶痛的那種人。在多數的情況下，另一方也有意把話說清楚，好讓你們雙方能一起往前邁進。

多練習，這類對話就不會讓你覺得這麼不自在，而且經驗也會強化你的領導技能。你也會注意到，因為某些原因，「問題員工」好像也比你一開始以為的人數來得少。

你們再也「回不去了」嗎？

我會盡一切可能取挽救一段關係，但我也知道，有時候，不管你做什麼，你都無力回天，再也「回不去了」。那麼，你怎麼知道你應不應該動手去做？你必須自問以下這些問題：

【自問三個問題，判斷你們是否再也「回不去了」】

1. 對方是否有意努力挽救這段關係？或者，他早已放棄？要記住，一個巴掌拍不響，一定要有兩個人，才能成就一段關係。
2. 我需要投入多少資源去處理目前的情況，獲得的回報值得嗎？一刀兩斷，也許不用花掉這麼多成本。
3. 把我的時間花在這個地方，有哪些機會成本？換句話說，如果你每個星期花幾個小時處理這位問題員工，你可能因此忽略哪些事？

代表無法（或不應該）挽救這段關係的信號

會有一些清楚的指標指向某些關係已經無法修復了。如果你無法及早辨識出這些信號，其他人就會質疑你的判斷。以下是四個範例：

【四個信號，顯示你們再也「回不去了」】

1. 你的部屬去找你的主管，對他說你無能：面對一個在背後捅你一刀的部屬，實在很難和他重建信任。
2. 員工故意把機密資料洩漏給競爭對手：此人已經決定要代表另一個團隊出賽了。在他造成更大的傷害之前，換掉他。
3. 你們兩人的工作方式不對盤：比方說，你要求工作必須在指定時間完成，但是，對方毫不在乎截止期限。
4. 你的員工要求你，給他等同於他剛剛從其他公司獲得的工作條件：如果你同意這麼做，過不了多久，他又會覺得他不開心，然後要求你付更多薪水，或是乾脆離職另謀高就。

長期下來，你會懂有哪些情況是「再也回不去了」，不管你做什麼都一樣。別忘了，一段關係需要雙方一起努力，朝著共同目標邁進；如果你們無法合作，關係就無法繼續存在。你可以做選擇：你願意放手，讓對方離開，好讓自己不至於跟著他一起沉淪；或者，你要繼續懸在那裏，一直到你們當中有一個人被請走為止？

【重點整理】學會處理問題員工

- 問題員工是人生的現實面，你愈早學會如何應付他們，你的工作就會愈輕鬆。如果你只是放著不管，這些問題並不會自動消失。在你的工作伙伴中，有其他人開始表現出相同徵兆之前，你就必須採取行動。
- 組織裏只要一位有毒的員工，就足以摧毀你費心打造出來的一切。你本來應該把注意力放在根據其他員工的優勢來打造團隊，現在卻必須花在努力減少有問題員工造成的損害。不要等到毒性滲入工作群裏的其他人身上。採取行動，可能代表你必須立即將這位問題員工驅離你的工作群。
- 發生衝突不一定是壞事，有時候反而是一件好事，可促成導向創新的好點子。在你把某個人貼上問題員工的標籤之前，一定要確定，你不只是因為他沒有認同你說的每一句話而這麼做。
- 如果你計畫直接面對一位有毒員工，或態度總是比別人更衝的員工，你要做好萬全的準備才展開對話。這表示，你要準備好具體的事例再開會，能指出他的行為對團隊，以及你想要達成的目標造成哪些直接影響。要準備好面對對方的反擊。當你在設計這場對話的架構時，請讓員工可以看清楚，為何你要求他立即改變態度，這是最符合他自身利益的做法。

- 在你身為主管的生涯裏，有時候會有人要求你扮演心理治療師的角色。你不要嘗試提出個人建議；相反地，可以為他推薦資源，讓員工可以找到在人生艱困時期需要的協助。不要想去把這個擔子接下來，你不會想對未來可能發生的事負責。
- 有時候，不管你做什麼，你都無法挽救這段關係。盡力去嘗試，但如果這段關係真的「回不去了」，要準備好放下一切，你才能夠繼續向前。當你的經驗愈豐富，你就愈能評估哪些情況可挽救，哪些則否。

如果你善待他人並秉持公平，很容易就贏得尊重。對我來說，最大的肯定是，人們因為真心信賴我而願意多做一點。

如果你以身作則，言出必行，並做出正確的商業決策，你會受人尊重，這些行為也讓你能和團隊建立更深刻的聯繫，讓你能在感性面將組織推到更高的層次：這是一個非常獨特的境界。

成功很容易，但不是每一個人都了解找出人際關係的魔法有多重要。和員工建立起特殊的聯繫，能讓你更有效率，並幫助你創造更多成就，超越你設想的可能性。讓員工愛你敬你，是每一位領導者的終點。

——馬可・布薩因（Marc Busain），美洲海尼根（Heineken Americas）總裁

第八章

向下管理

要不要在乎員工喜不喜歡你？

——打造一個彼此尊重的職場

身而為人，渴望被愛是我們的天性。但是，如果被愛的渴望干擾職場裏的領導能力，那會發生什麼事？受到領導角色吸引並朝此邁進的人，多半都是魅力型的人。他們很努力讓群眾為他們如癡如醉，而且非常享受從追隨者身上獲得的仰慕。這些都沒問題，也都很好，一直到他們想要被人喜歡、甚至被愛的渴望左右判斷能力。接下來，我要談一談幾種情況，看看這種事會如何出現在職場上，好讓你可以避開這些隱藏的危機。

你把部屬當成酒友嗎？

身為主管或領導者，想要設法討人喜歡時，他們常會撤除防衛，用超越分際的態度和員工相處。比方說，主管可能會在和員工一起到酒吧，享受歡樂時光的優惠時段，黃湯下肚之後，半醉半醒之間說出太多不應該說的話。其實，和部屬一起小酌並無不當，但是，當一杯變成一瓶時，事情很快就會失控。在大家意識到之前，主管已經說了太多大學時代喝到爛醉的荒唐糗事。幾杯龍舌蘭酒下肚，一切都完了。

如果你想做到高效領導，一定要讓追隨者敬重你。如果你在酒吧的歡樂時光對部屬酒後吐真言，他們可能會一整晚照顧爛醉如泥的你，但是，到了明天早上進了辦公室，他們還會尊重你嗎？

高處不勝寒，孤獨是必然

你在組織裏的職位愈高，愈了解什麼叫做「高處不勝寒」。你會發現，能讓你傾吐恐懼和訴說願望的對象愈來愈少。最優秀的領導者身上也會發生這種事，到最後，他們轉而去找管理階層團隊裏的其他成員尋求安慰，雖然偶爾也會找部屬。

在團隊的艱困時期，你的團隊需要的是一位強悍的領導者，一個他們相信能帶領這艘船乘風破浪的船長。他們最不需要聽到的，就是領導者對於船長帶領船員行進的方向有任何疑慮。如果你需要找人聊一聊，請考慮聘用一位高階主管教練，或者去各種專業協會或社團尋找志同道合的人。之後，要確定你自己回到以正面態度和團隊溝通的模式，這樣一來，當你轉過身去，你才能真的看到有人跟隨你。

隨波逐流、充滿妥協的職場

沒有人希望變成大家眼中破壞系統平衡安定的人，或者成為膽敢對主管說他是將要犯下大錯的那個人，這種人很快就會變成局外人。為了避免發生這種事，許多人都會隨波逐流。他們會執行高階主管下達的指令，就算明知這些決策會對業務造成負面影響，也完全無動於衷。

員工奉行高階主管命令而造成大災難的極端案例之一，就是發生於一九八六年的挑戰者號（Challenger）太空梭事故，發射後第七十三秒時，太空梭爆炸解體，導致七名太空人全數罹難。之後的調查發現，導致爆炸的直接理由，是因為右側固態火箭推進器的一個O型封環失效。而調查也指出，工程人員已經表達過疑慮，但是，當別無選擇、必須孤注一擲時，他們妥協了。

在《紐約時報》（*New York Times*）一篇論述挑戰者號太空梭事故的文章裏，約翰・史瓦茲（John Schwartz）及馬修・瓦德（Matthew Wald）探討了一種名為「團體盲思」（groupthink）的現象。

艾爾文・詹尼斯（Irving L. Janies）是耶魯大學心理學家，也是社會動態研究的先驅，他將團體盲思定義為：「當人們深入參與一個凝聚力強的內部團體，所表現出來的一種思考模式，此時人們努力想要和團體達成一致，這種心態凌駕理智且務實地支持其他行動方針的動機。」團體盲思的結果，就是假合意（false consensus，意指錯誤的共識）。

想一想，你曾經因為需要討人喜歡而忍住說真話的衝動嗎？這樣做，對團隊來說真的比較好嗎？或者，假設你表達自己真正的想法，對所有相關的人也許會比較好？

在你身為主管的事業發展歷程中，可能會因為大老闆就是不喜歡某位員工，而要求你把他請走。你有幾個選擇，你可以隨波逐流，執行這項命令；或者，你可以提出理由，解釋為何這項行動不符合公司的最佳利益。你可能會想，如果我因此惹出大事，這不是搬石頭砸自己的腳嗎？或許吧，但是，如果你用通情達理的方式，真誠地表達你的意見，你卻可能因此將自己的事業發展腳步往前推。你的主管會看出來你有風骨，他也會知道，當你在組織裏愈爬愈高時，這會是用得到的人格特質。

當好友變成主管（部屬）：職場裏有真正的友誼嗎？

和你一起工作的人最後變成你的人生知己，這是再自然也不過的事了。畢竟，你們把大部分的工作時間都花在兩人的合作上面。你們甚至會在下班後或周末時還會相約見面。當你可以信賴一個人，而這個人又剛剛好非常清楚你的大小事，這是一件好事。但是，當你們的關係從同事變成主管（部屬）時，那會怎麼樣？

每一天，全世界都有人生知己忽然變成主管（部屬）這種事發生。這不代表你就不能再和這個人做朋友，但是，這卻絕對代表你們之間的互動勢必會有改變。面對這類情況時，最好的做法是先列出一些基本規則，這樣才不會導致某人讓另外一人感到失望。

你會希望釐清你的期望，因為現在你得為對方的績效和獎酬負責。在你成為他的主管之前，你必須和他談一談過去他和你私下講過的話。比方說，如果這位即將成為你直屬部屬的朋友曾經告訴過你，他認為管理階層團隊的某幾位成員很無能，你可能會想向這位好友再三保證，你絕對不會和這些現在成為你同事的人談到他的意見。但是，如果他和你私底下分享的看法，讓你覺得必須在公開場合提出來和他人討論時，你一定要先讓他知道，一旦私下話題變成公開討論的議題時，他才不會覺得被你出賣。

切記，要務實。你再度獲邀和同一群同伴共進午餐的機會，真的很小。而且，如果真的受邀，你可能也不會想去了。你可能會發現，你們之間的友誼，完全是建立在你們在工作上的默契。一旦這一點改變，你們之間可能也沒有太多可以和對方談的。你要做好準備，面對某些讓你覺得不自在的時刻，一直到你們雙方再度找回關係的立足點。你要明白你已經走過了橋，現在走進了管理階層這片園地。這是一個全新的領域，你必須從頭來過，理解其中的脈絡，而且你可能會發現，你得在沒有指南針的情況下航行。你可能會往錯誤的方向走，但是到最後，你總是會找回自己的路。

逃避：你是否因為避免衝突，而親手去做員工該做的事？

在這個星期，你對自己說：「我來做！」這句話說了多少次？你會這麼說，或許是因為你覺得自己動手做比較省時，勝過花時間指導別人去做。或者，更有可能的情況是，你說這句話，是因為你要求對方做這件事的次數已經多到你都數不清，但是，事情還是沒有人去做。

在前一章中，我們討論過某些衝突怎麼會變成好事，這裏的關鍵詞是「某些」。如果你發現自己一再逃避某些類型的討論，或是衝突開始變成常態慣例，那麼，此時你就該做點事，以對得起公司付你的薪水。如果為了能扭轉乾坤而必須付出的努力（如果這是可以扭轉的），超過你成功後獲得的價值，請考慮把這名員工換掉，聘用會把你的要求當一回事去做的員工。

該有的尊重：打造一個讓人覺得備受尊重的職場

拿出一張紙，在中間畫一條線。左邊寫「尊重度低」、右邊寫「尊重度高」，接著，請你描述，當在工作環境中遇到人們表達低度尊重及高度尊重時，你有什麼感覺？你想落在兩邊中的哪一邊？

你在左邊紙上會寫下的感受，可能如低潮沮喪、失去熱情、能躲就閃，諸如此類的。右邊紙上可能出現的字眼詞彙，則是如覺得備受重視、興奮、熱情，以及願意主動多做一點等等。看來，顯然你也想要打造一個讓人覺得受尊重、受重視的職場，但是，太多時候，這正是讓許多主管兵敗如山倒的領域。

以下有六種方法，可以供你打造出一個良好的職場環境，讓你的員工覺得自己一直都在高度尊重的環境下（也就是紙張右方的區域）工作。

【讓員工覺得受到尊重的六個技巧】

1. 多聽少說

你可能會認為你已經在這樣做了，但是，仍由你主導大部分對談的機率很高。請讓對方把話講完，不要貿然插話。當員工和你聊到某個艱難的處境時，不要假設他希望你提供解答。他可能只是需要有人傾聽而已，藉著把話說出來，順便整理一下思緒。在你提供建議之前，要先問問他需不需要。

2. 溝通時要真心誠意

你賣命的主管，是否總是對每一位員工說「做得很棒！」就算情況很明顯的並非如此，也一樣稱讚他們？千萬不要變成這種言不由衷的人！如果你認為某人真的值得稱讚，請你大力稱讚。如果你實際上很擔心某位正在及格邊緣苦苦掙扎的員工，那麼，當你和他溝通時，請展現你的同理心。回頭去想想一些對方剛剛跟你分享的事，你就可以做到這一點。

3.合作

問問員工的意見，傾聽他們的想法。適當時要讓他們參與，當他們確實有所貢獻時，一定要把榮耀歸功給他們。

4.給予回饋

人都是真心想要知道自己的表現好不好。當你在提回饋意見時，要具體說明，這樣你的員工才知道他們應該重複做哪些行為，以及應該避免重複做哪些事。

5.尊重員工的私人時間

你或許可以不眠不休、假日照常上班，因為你無須擔負太多家庭責任，但是，這並不表示每個人都像你一樣。除非情況緊急，否則請你自制一點，不要在上班時間之前開會，也不要要求員工熬夜加班，或是假日加班。

6.大聲且清楚地讚美

如果有表現出色、細心處理客戶需求的員工，請在他的同仁面前稱讚這位員工。更好的做法，是在這位員工服務的客戶面前這麼做。

【重點整理】高處不勝寒，謹慎找慰藉

- 希望被愛是人性，但要確定被愛的渴望，不會干擾職場裏的領導能力。
- 現在，如果你的人生知己變成了你的部屬，那麼，鑑於你們之間的關係發生變化，你一定要說清楚你的新期待是什麼；每一個人都必須清楚知道，好朋友在職場上必須遵守的規則。
- 一旦你成為主管，沒有去找部屬尋求心靈慰藉這種事。如果你需要和人聊一聊，可以考慮聘用高階主管輔導顧問，或者加入協會或社團尋找志同道合的人。
- 身為主管，很難避免職場裏的衝突，如果問題和績效有關，更是如此。
- 打造一個讓員工覺得備受重視、受到尊重的環境，是你身為主管的重要工作之一。你可以掌控環境，讓這個理想成真。

一九八八年，我身為一家技術服務公司的地區主管，我在選才、留才方面的表現糟透了。我的左右手（助理）是一個聰明絕頂的騙子，那一年，她在我們的辦公室，做她先生的外包業務。她使用我們的辦公室用品、電話，並占用我們的上班時間。那時我一直在想，她的行為怎會這麼散漫、心不在焉？我沒有和她討論這件事，相反的，我忽視這件事。一年後，她「突然」離職了。我學到的教訓是，忽略行為，而把焦點只放在培養工作技能上，要付出沉重代價。因為對方的行事作風才決定是否聘用，和根據技能做決定一樣重要（如果不是更重要的話）。回頭去看，我多希望我那時能去上一些管理訓練課程，好學會這一點。

——麗莎・妮拉兒（Lisa Nirell），能量成長公司（EnergizeGrowth LLC）能量長（CEO，Chief Energy Officer）

第九章

向下管理

績效管理

——我真的一定要做這件事嗎？

說到績效管理，有愈來愈多員工將直屬主管評為「需要改進」。只要想一想主管和員工有多討厭這道流程，這也就沒什麼好意外的了。為何如此，我有好幾套理論可以解讀。我相信，這一切的始作俑者是最高階的主管。管理績效及執行有效績效審查的態度，始於最高層，然後層層滲透組織的每一個部分。想一想以下這個情境：

公司的執行長相信，高階主管應該要自動自發，應能管理自己的績效。因此，他大致上放手讓他底下的人去管理自己的績效。偶爾，當某位高階主管完成值得嘉獎的工作時，他就會拍拍他們的背。但是，講到回饋，他給的也只有拍拍背而已。等到考核時間到，高階主管看到薪水單上調薪，但卻沒有任何和績效相關的正式對話，這種事屢見不鮮。有些比較稱職的執行長至少會邀高階主管共進午餐，或許花個十五至二十分鐘談一談和績效相關的議題；之後，他們會快速切入和未來專案或運動比賽相關的主題，並以一杯咖啡，為這一餐畫上句點。

高階主管或資深管理階層成員收到的訊息明確而清楚，組織並沒有非常重視管理績效這件事。因此，他們會盡可能減少投入的時間與精力。這類行為會不斷向下流，蔓延到組織裏的各個層級。如果你不相信我說的話，可以去問問，幾百萬個還在等著幾個月前就該拿到績效考核結果的人。

如果你試圖一次就要把全部工作做完，管理績效是非常折磨人的工作。曾經在春天時下定決心要把家裏內外打掃乾淨的人，都知道當我們試圖在短時間內完成超過人力、能力所及的工作時將會如何。很快的，院子裏的葉子又繼續飄落，亂成一堆的情況則沒有太多改變。這是因為對多數人來說，要應付一項艱鉅任務這個想法本身就很累人。但是，如果你可以把這項大型專案畫分成可處理的小計畫，那又如何？你能不能承諾，這個星期一定要把書桌清乾淨，然後下個星期再把浴室儲物櫃整理好？過了六個月後再回過頭去看，發現你已經完成原本看來根本無法克服的目標，你的感覺如何？你可以用同樣的流程來做績效管理。

把一整套的流程分解成可管理的小動作，這樣的話，你一整年都能為員工提供有意義的回饋，並激發出優異的表現，而且，你的桌上也不用堆滿了一堆文件！

績效管理循環

績效管理循環始於第一天，終於員工離職那一天。偶爾，你會發現自己非常投入在這個流程當中，勝過其他時候。投入程度取決於組織內部的運作順暢程度，以及特定員工的需求。

設定預期

一開始要先撥出時間，去了解你要管理的那些人。這樣做，可以協助你有效地評估員工的優勢、弱點與個人事業抱負。這樣的對話也可以幫助你建立犀利的洞察力，知道提供回饋的最佳方式是什麼。比方說，你可能會得知某些員工在當下獲得回饋意見時，會做出最好的回應；而另一位員工則需要更多的證據，證明問題確實存在，他才願意改變自身的行為。

如果沒有人告訴你，你很難知道員工對你有何期待。我的個人經驗讓我有資格這麼說。曾有一位主管在我的績效考核會談中對我說：

「雖然我不大確定我有沒有告訴過你，我的期待是什麼，但我要說你並未滿足我的期待。」

請考量一點，這位女士擁有哈佛大學（Harvard University）的企管碩士學位（MBA）。或許哈佛有開設「讀心術入門」這一課，但我看過的課程當中絕對並沒有這一門。身為一位主管，你必須明確地告知員工你對他的期待，並提供持續的回饋。這樣做，員工就會清楚知道你對他們有何期待，而且他們在這一整年裏也會持續了解自己的表現如何，而不只是在考核時才能獲得資訊。

如果你正好處在我一開始描述的那類環境，最高層發出明確的信號，指向公司並不重視績效管理，而你有機會打破這樣的模式。從設定目標到獎酬、認同，有效的績效管理，是讓員工敬業、投入工作的基礎。身為一位新手主管，光是你選擇動手執行績效管理循環（詳見圖8－1），就能藉此直接影響員工的敬業程度。

要能設定目標與期待，你必須熟知員工擔任的每一項職務，應該要擔負哪些具體的職責

圖 8-1 績效管理循環

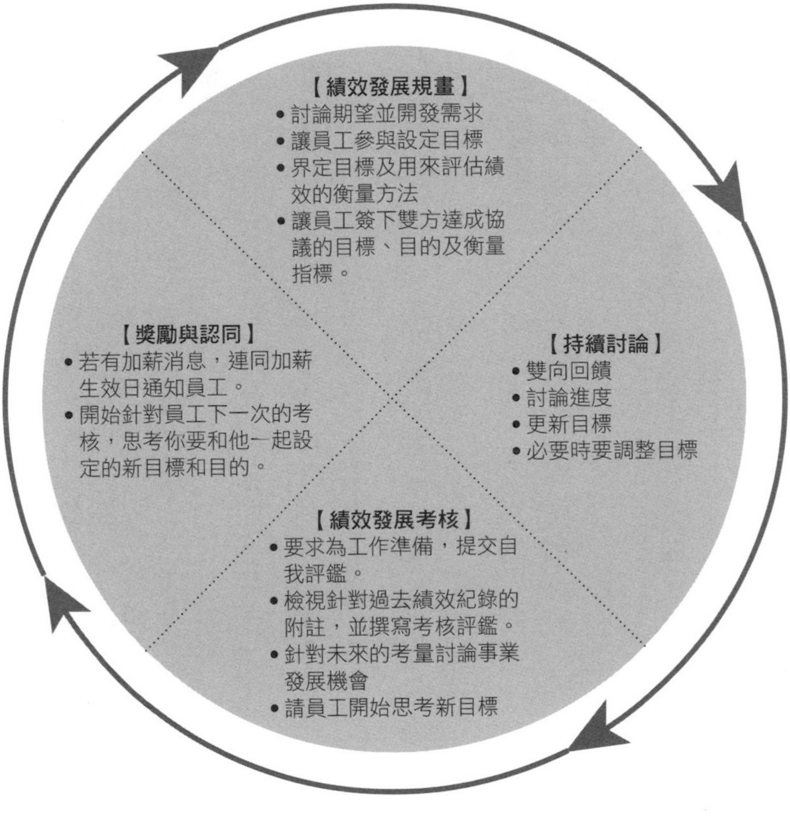

【績效發展規畫】
• 討論期望並開發需求
• 讓員工參與設定目標
• 界定目標及用來評估績效的衡量方法
• 讓員工簽下雙方達成協議的目標、目的及衡量指標。
【持續討論】
• 雙向回饋
• 討論進度
• 更新目標
• 必要時要調整目標
【績效發展考核】
• 要求為工作準備，提交自我評鑑。
• 檢視針對過去績效紀錄的附註，並撰寫考核評鑑。
• 針對未來的考量討論事業發展機會
• 請員工開始思考新目標
【獎勵與認同】
• 若有加薪消息，連同加薪生效日通知員工。
• 開始針對員工下一次的考核，思考你要和他一起設定的新目標和目的。

與責任。這項資訊通常可藉由工作說明中取得。如果你所處的工作環境沒那麼正式，沒有書面的工作說明，那麼，你也可以要求員工列出占去最多工時的十個工作領域。你可以去問問人資部門的人，或是請員工給你任何在你上任之前就定好的目標副本。請自制，如果時間已經很逼近你的績效考核期限，請勿做出大幅度的變動，因為員工在接受考核前，已經沒什麼時間去達成新目標了。

寫下目標與項目

以下有三個很好用的技巧，可以用來打造績效目標：

【打造績效目標的三個技巧】

1. 在流程中納入員工

沒有什麼比交給員工一張寫滿目標的紙，並告訴他這就是公司對他的期待，更糟糕的做法了。這種方法讓員工幾乎完全無法掌控自己的未來。有些員工會迴避衝突，即便知道這個標準根本無法達成，他們還是會同意接下這個目標；有些人乾脆就離職了。你要採取相反的做法，一開始先問：「你認為你可以達成嗎？」從這裏出發，來討論你的期望。

2.目標應明確且可衡量

員工應明確地知道，他要做什麼才能達成雙方合意的目標，以及每一個目標的衡量方式。這樣的話，考評時就不會出現意外驚喜（或驚訝）。當你說明細節時，要確定你留有空間，可以讓員工自行決定達成目標的最佳方式為何。

3.目標要務實

我完全贊成要激發出員工的潛力，但你一定要務實。我的意思，你應設定能刺激成長、而非造成毀滅的目標。比方說，你設定的目標是要業務人員的銷量加倍，但是，並未建議提供任何額外的支援，這個目標會讓人覺得根本無法達成。理想的做法，是要具體設定一個雙方都同意可能達成的合理成長率。

持續回饋

不管你信也好、不信也罷，員工都想要、也需要你提供回饋。沒有回饋，他們無法改善。有些主管會抱持一種哲學，那就是：「如果你沒有聽到我開口說話，那代表一切都很好。」但是，到了員工真的聽到主管開口發聲的那一天，也只剩下老天爺能幫他了！如果能有持續回饋，對於每一個相關人士來說，不是比較好嗎？這樣的話，就不會留員工一個人妄加猜測，他的績效表現是剛好勉強及格、低空飛過，還是超越了主管的預期？員工可以邊做邊調整，而不要等到他們接受年度績效考核之後才開始改善。

績效考核

這是績效管理循環中，讓很多主管避之唯恐不及的一環。為什麼？這是因為他們可能沒有針對審查的這段時間，訂定可衡量的目標，或他們給員工的回饋少之又少（如果有的話）。如果結果不會太出色，會讓主管更煩惱。或者，這位主管並不完全認同公司要求他使用的評估表。不管你對這項流程有何感覺，你的工作是為員工提供年度績效考評，或者，在某些情況下，是半年度績效考評。因此，你也必須熟練這項技能。

克服績效管理焦慮症

當你必須去做你不喜歡的任務，或者當你覺得還沒有準備好要去做某件事時，會覺得焦慮是很常見的情形。對於新手主管及資深主管來說，績效考評通常兩者都是。但是，如果你遵循以下四個禁得起時間考驗的建議，大可不必焦慮：

【四種方法，克服績效管理焦慮症】

1.在過程中不斷蒐集文件紀錄

要記住某人上星期做了哪些事已經很困難了，更別說是去年四月。現在，再多加入十位或更多員工，看看你的記憶力如何！主管實際上不可能記得，能整合出一份確實績效評估報告所需的所有細節，也因此，我建議你必須為每一位直屬部屬建立一份個人檔案，放在你上鎖的抽屜裏。（請注意：如果辦公室裏你沒有可上鎖的抽屜，請把這些檔案放在家裏。）

每一次，當某位員工做了一件值得注意的事，不論好壞，或者當你和員工談到他們的績效時，請寫下簡短的摘要，放進檔案裏。請記得在備忘錄上加註日期，以防員工問起你和這件事相關的細節，你才可以再拿出來討論。接近績效考核時，把這份檔案拿出來，你就能準備好動手去做。光是知道你擁有一切必要資料，因此隨時可以動手做，你的壓力指數可能就因此降低兩級。

2. 持續回饋

就像我們之前提過的，主管把回饋意見保留到考評時刻，是很常見的做法。這種做法無益於溝通和強化透明度。每次有主管這樣做，就會有員工說，他們聽到主管的評語，讓他們覺得震驚且沮喪。

主管應該在整個要評量期間內安排簡單的會談，好讓員工一直都清楚自己站在那個水準上。在這些會議上，考量員工提出的參考意見，主管可以決定調整用來評估績效的衡量方式，如果組織內發生重大變化，尤應如此。經常會談也可以給員工更多時間做出必要的路線修正，有助於立即提升生產力。

3. 誠實且透明

對員工說他有些地方需要改進，從來不是一件容易的事，但是，不告訴他或只對他說部分事實，並不是在幫助這位員工，而且也無助於你將自己塑造成一位有信用的主管。身為主管，無法忽略績效相關議題。

你必須充分準備，當你要舉行一次可能會造成爭議的績效考評時，更是如此。你要寫下具體事例來說明你觀察到的行為，當你在和員工討論時，就拿得出來可以分享的資訊。請自制，不要包括任何被大家認為是「聽說」的範例。以正面的態度，重新整理你手中實際觀察得來的範例。

舉例來說，如果你打算在考評時，針對某員工因循苟且的態度指導他，你可能必須反過來做，先討論準時的重要性。讓他知道，為何變得比較可靠也符合他自己的最佳利益。比方說，別人可能會請邀他參與能見度高的專案，你也可以推薦他加入以視訊方式工作的方案，因為他之前表示有興趣參加。

員工可能會直話直說，馬上問你是否相信他能夠通過這一關，並且在未來交出成果。在這裏，就是透明原則可以發揮作用的地方。只要你心裏真的這麼想，你可以回答「是」，或者「我不知道」。但是，如果你很明顯就能看出這位員工無論做什麼都不會成功，那麼，你必須誠實作答，但同時也不要害你自己落得陷入法律訴訟的境地。你可以簡單回答說，你相信外面有很多更適合這位員工的機會。之後，請將對話導向你們要如何合作，以協助他橫跨這一段過渡期。

4.在考評時間之前先管理績效不彰者，請對方離開

為什麼有這麼多主管，認為他們必須等到考評時間到期，之後才能展開終止和某個員工的雇用關係？

是這樣的，常有人問我一個問題：在員工三個月試用期滿、接受考評之前，能不能在他報到上班第八十九天時開除他？

我通常會問主管，他們何時領悟到這位員工無法勝任工作？而他們通常會說：「第一個月就知道了。」但是，現在我們又多過了快六十天，而我們卻要一位應該提早下車的乘客，繼續留在車上。

許多公司都有三個月試用期的規定，有些公司可能稱為「指導期」。設下這種規定，是要提醒主管經常查核新進員工，但這不代表你必須給足三個月，才能驗證這位員工有沒有生產力。

這就好像你跟異性約會，雖然在第一個星期之後，你心裏明白大勢已去，將來情況也不會好轉，但是你卻還是和勉為其難和對方約會兩個月。這真是瘋狂，對吧？那麼，為何要延續一段顯然不可能改善的工作關係？

最可能的情況是，因為我們希望相信情況會好轉，或者，我們私底下期待，這個人會在

我們必須開鍘之前就先自行離職。

相信我，人們在任職起九十天內，一定會把自己最好的一面都表現出來。如果你已經做了你該做的事，已經為這位員工提供他需要的訓練及回饋，但是事情仍未見好轉，那代表將來情況也不會變好。

如果問題出在合不合適，而你相信這個人在組織內的另一個職位上將如魚得水，那麼，請幫忙他轉調到其他部門。如果你並不這麼認為，那麼，請儘快請走他，因為，顯然再多的指導，都無法挽救他不適任的表現。

自我評估，是你的好朋友

說到個人績效，如果你很清楚對方在想什麼，那會如何？這項資訊能否協助你在執行員工的績效考核時，做好更妥善的準備？你運氣好，這項資訊已經備妥可供索取，你只要提出要求就行了。許多公司都會納入自我評核表，把這當成績效考核流程的一部分，而員工必須利用這個管道來評量自己的績效表現。

填寫完整的表格會送交給主管，讓他之後可以撰寫績效評鑑。就算正式流程裏沒有這個部分，我也建議你，要請員工自我評估，並且把評估表交給你。這種做法將可幫助你免於見到員工驚恐的表情；當你想的是一回事、而員工想的又是另一回事之時，就會出現這種表情。

如果你把自己該做的工作都做好，而且在審查期間一直也和員工有過簡短對話，那麼，自我評估表上提到的任何事應該都不會讓你措手不及。

但是，如果自我評估的內容，和坐在你個人辦公室外小隔間裏那位仁兄的表現搭不上，又該如何？現實裏確實會有這種事。這是一個很清楚的信號，代表這當中出現斷層；員工認定一件事，但你想的卻是另一回事。在繼續往下處理之前，你必須自問以下幾個問題：

【避免績效評估出現認知落差的五個提問】

- 當我在溝通傳達我的期待時，我說得夠不夠具體？
- 我的期望是否有變？還是問題出在我無法和員工溝通我的期待？
- 我是根據員工被指派的工作來評量他，還是說，這項工作到中途發生變化，而我沒有調整目標？
- 我有沒有為員工提供持續的回饋？
- 我是否做了哪些事，才導致出現這樣的斷層？

如果你自問這些問題之後，你發現問題出在你身上，那麼，你就應該去找你該負哪些責任。如果你沒有給員工回饋意見，沒有說明他在哪些領域沒有達到預期，那麼，也許你們雙方應該協議，把這個目標先放在清單上，留待下一次考核。這樣做，不至於讓員工面對無法完全掌握的工作，最後受到懲罰。打開天窗說亮話，你的職責是要根據員工的優勢培養他，並協助他準備好迎向成功。敞開溝通管道，你就可以做到這一點，就算偶有意外發生也不要緊。

【重點整理】績效考核，必要之惡

- 管理績效是一套流程，而不是單一事件。這表示，在整個管理績效循環中，你必須和員工針對目標，衡量指標以及事業發展目標進行持續對話。
- 績效管理並不是一件要你對員工做的工作，而是要你和員工一起做的任務。
- 績效管理循環是一套循環不止的流程，從員工上任的第一天就已經啟動，終止於員工離職那天。執行績效管理循環的第一項工作，是你必須提供期待給員工，這樣一來，他們才會知道組織要如何衡量他們的績效。之後，你在寫出具體目標和目的時，要讓員工參與其中。你要不定期查核員工，回答他們可能會遭遇的問題，並且幫助他們走在正軌上。最後一步，是你必須給每位員工一份書面績效評量，記錄你們在審查期間內的討論對話。
- 員工想要也需要持續回饋。這表示，你必須提供正面強化因素及指引，讓員工知道他們要做哪些事才能改善績效。當你提供回饋時，務必要具體。這麼做，員工就會明確了解你希望在未來看到他們去做哪些事，以及避免做哪些事。
- 克服績效考核恐懼的最佳良方，是在充分準備後才展開對話。在整個審查期間都要蒐集文件紀錄、提供持續回饋，而且，溝通時要誠實且透明。
- 績效自我評估是主管的好朋友。藉此，你有機會在寫完績效考評之前知道，員工如何看待自己的績效。員工的自我評估也可以為你提供額外資訊，提醒你已經忘記的事。如果員工寫出來的內容和你所想的之間出現重大歧異，你可以就此發現你傳達的訊息，和員工聽到的資訊之間有落差。

身為一位主管，當你開除一位員工時，你將會經歷完整的情緒歷程。

- 你會感到憤怒，因為你自己必須動手開鍘。
- 你會感到難過，因為你知道短期之內，這件事將會改變這位員工的人生。
- 你會覺得有點丟臉，因為過去你也可能處於同樣處境，而不管事情早已經過了八百年了，所有的情緒還是不斷湧起。
- 你會覺得鬆了一口氣，因為要開除人這件事不再讓你一整夜都睡不著。
- 你會覺得自由了，因為終於解決了一個「問題」。
- 一旦你決定要開除這位員工，你就會希望這件事儘快落幕。
- 即便很多人都不肯承認，但知道你曾盡力給這位員工機會，幫助他可以成功，還是一件讓人感到欣慰的事。

以後，當我要再做這件事時，我會大幅縮短整個流程，快刀斬亂麻。

——派崔克．何利斯特（Patrick Hollister），美國富士通元件公司（Fujitsu Components America, Inc.）前任地區銷售經理

第十章

向下管理

你被開除了！

——禁得起時間考驗的圓融開除術

身為主管令人最難以忍受的現實問題之一，就是偶爾會有不適任員工，或因應業務需要必須裁員。要叫員工走路絕對不是一件輕鬆的事，而你用什麼方式去做這件事，會對離開的人及倖存者（指那些還留在組織裏的人）造成持續影響。以尊重的態度來處理這種情況，將可以把通常因為解聘員工衍生出來的傷害和干擾減至最低。

每一位主管都應該要去看喬治．克隆尼（George Clooney）主演的電影《型男飛行日誌》（*Up In the Air*）。這部電影改編自一部同名小說，在電影中，喬治．克隆尼飾演一位裁員專家，在美國各地來來去去，代表那些沒有膽量自己動手的主管，開除完全料想不到自身命運的員工。雖然小說是虛構的，但是全球各地每天都上演類似的戲碼：

【證據】我有一位密友，對我說起她小叔的事；最近有一個他從未見過、從未交談過的人出現在他辦公室，告訴他公司不再需要他的服務了。這件事就這樣結束了；他沒有獲得任何解釋，沒人告訴他為何公司要求他離開，他也沒有機會把手邊做的事收尾或道別。沒有人曾經提到他的績效不彰，也沒有聽說公司面臨財務困難。時至今日，他都不知道為什麼公司要他離開，因為他的前任雇主完全不回他電話。這位先生憤怒不已、自暴自棄，在沙發上窩了好幾個星期，造成他們一家人烏雲罩頂、不見天日。

比起其他很多故事，這個故事的結局還比較幸福一點。這位先生很快就獲得了一份工作；新東家之前就曾請他去上班，但他回絕了。然而，他就在隨時準備打包走人的驚恐狀態中，度過他在職場的餘生。他不斷從辦公室的窗戶往外窺探，害怕另一個陌生人出現奪走他的人生；這一天永遠不會過去。

我無法確定地向各位報告，上述這位先生是否應該被開除，但是，我可以確定地說，這樣離開絕對不是他應得的。他的氣憤和怨恨並不是基於公司為了經濟因素要他離開，而是完全因為他受到的待遇。

現代的組織都非常擔心會被遭開除的氣憤員工提告，陷入法律訴訟。我可以在此告訴各位，他們也應該要擔心。主管收到不容違抗的命令要他們「趕走」某些員工，沒經驗的主管（以及很多有經驗的主管）沒有膽子反駁並開口說：「我認為這樣做不對，原因如下。」因此，他們會去做別人要自己做的事，不去想他們要怎麼做，才能緩和這次開除員工行動的殺傷力。

企業開除員工的態度，就好像在辦一場驚喜派對一樣。開會通知私下送到和準備工作有關人士的辦公室，並在上班前或下班後舉行祕密會議，以確保這位「神祕嘉賓」完全不知道要發生事情了。在這場大活動正式揭幕之前，所有細節都會就緒，包括要送什麼「大禮」（也就是所謂的離職配套方案）。之後，每一個人就等著大日子來臨，而這一天通常會安排在星期五，因為我們知道參與的人都需要利用周末冷靜一下，才能恢復過來。

這個做法大錯特錯。除非因為天災導致必須立刻關閉公司，否則的話，開除員工不應該是一場意外。如果你做好你的工作，而且妥善管理績效，員工應能充分了解事情並未如預期進行。如果他不明白這一點，那麼，可能是你在表達疑慮的對話中不夠具體，或者你根本從未警告過他這份工作岌岌可危。

你處理開除流程的態度，影響到的不只是你自己和該名員工而已，原因如下：以前，企業只需要擔心前任員工在雞尾酒會裏，如何描述前東家；但到現在，網路上的酒會可是全年二十四小時無休，比方說Glassdoor.com，這些網站鼓勵人們評比他們的現任雇主或前雇主，還可以附上評語；在臉書（facebook）等社群網站上，人們加入的好友已經多到連自己都記不住名字；在推特（Twitter）這一類網站上，只要一百四十個字元，苦悶的員工就可以造成嚴重傷害。同事、客戶以及潛在客戶都有可能讀到這些貼文，當然，這些都是片面之詞。但是，這一點不重要。在現今這個世界，人們相信只要貼在網路上的訊息，就一定確有其事！

補充你的彈藥庫：留下紀錄的藝術

現在該停止想到你自己，轉而該想一想你的員工了。以改善績效為主題的對話很難進行，但當員工需要提高績效時，這類對話卻絕對必要。如果你重新整理建構展開討論的方式，要進行這類對話就會比較容易一些。把這類對話當成協助員工回到正軌的機會。請記住，如果員工根本不知道自己需要改進，他們絕不會去做。但是，你也必須謹記，到最後，還是可能出現事情毫不見起色的結果。因此，你會希望確定自己記錄下一切和績效有關的對話。若沒這麼做，你的主管或人力資源部的人可能會告訴你，你必須留下這位員工，一直到你有足夠的書面紀錄，可以支持你開除這位員工的決策，並在面對法律訴訟時保障公司。

那麼，到底要記錄什麼？你要寫下討論的日期和時間，以及你任何針對改善績效提出的對話詳細內容。你要納入員工對討論的反應，以及你們雙方同意再度處理這個議題，看看問題是否仍持續存在的時間。

你必須在紀錄中，保留大量可觀察行為相關的附註。比方說，員工經常把用餐時間拖長或上班時間私人電話太頻繁，這些全都是紀錄的一部分。你甚至可能想請員工在雙方同意的行動步驟上簽字，以此證明確實有過這場對話。這樣做也有助於強化員工願意投入的程度，因為我們知道，當把員工同意做的事情寫成書面時，他們比較可能會貫徹始終。

如果情況繼續惡化，你可以彙整紀錄，這些備忘錄就會描繪出一幅其他人也看得懂得圖像，因此，很重要的是，要仔細想一想你要如何呈現你的紀錄。比方說，你手下可能有一位要拚老命才能達到銷售目標的資深員工，而你認為，這是因為他沒有和其他同仁同樣水準的精力與熱誠所致。如果你不想和員工以及他請來的律師團對抗，寫紀錄時，你就不會想提到這一句：「馬丁無法追上團隊裏的年輕業務員。」寫出這種句子，很可能會被解讀成你認為：「馬丁之所以無法達成銷售目標，某種程度是和他年紀大有關。」

在撰寫文件紀錄時，請把重點放在你們雙方之前同意用來衡量績效的指標，這樣的話，你應就能遠離可能誤踩的法律地雷。以下這個案例示範一種比較好的記錄方式，當你和馬丁針對績效改善進行對話時，可以拿來用：

「二〇一〇年七月一日，我和馬丁討論他近來在達成銷售目標上碰到問題這件事。過去三個月以來，馬丁都沒有達成銷售目標，至少差了百分之二十。馬丁向我保證，他會全心投入，更努力達成目標，而且本周末之前將會給我一份書面報告，詳細寫出他要怎麼做才能把他的銷售業績拉回正軌。我提議和他一起去做業務拜訪，並為他提供必要的支援，協助他成功。馬丁很清楚，如果他做不到在七月份和八月份這兩個月都能達成業績，公司將會採取進一步的整頓紀律行動，其中最嚴重的結果就是開除。」

採用這種方式，你就會有一份忠實呈現你和員工的對話中雙方說了什麼的紀錄，你也能參考你的備忘錄，提醒自己雙方同意了哪些事，之後採取進一步的行動。

記錄時，請確定你在所有備忘錄上都加註日期，這樣你才能連起所有對話的時間點，了解導致你決定要和員工進行進一步諮商，或是結束雇用關係的脈絡。請教一下你的主管，看看公司是否訂有任何漸進式的懲戒，在因為績效相關議題辭退員工之前，必須要先發出口頭、書面與人事申誡。你可能必須填寫一些公司的制式表格，把這些當成撰寫紀錄流程中的一部分。

扣下扳機：要知道何時該動手

我認識很多主管，他們一直在想，情況自然將會好轉。但是，現實很少如此，當你直接面對員工，讓他們知道自己的工作岌岌可危之後，更是這樣。在本書稍早之前，我們提過，你的工作是要以員工的優勢為基礎而成長茁壯。如果你把大部分的時間花在早就應該離開的員工身上，你就做不到這一點。

我常聽到主管為不開除員工找的理由之一，是他們擔心這位員工以及家屬的福祉。我完全認同要有惻隱之心，但如果團隊裏的其他人因此不再盡全力，而公司開始走下坡，那又怎麼辦？你必須從大局著眼。在績效不彰的員工害得整艘船沉沒之前，你必須先把他請下船。

引用電影《教父》（*Godfather*）裏的名言，同時也是唐納．川普（Donald Trump）在電視影集《誰是接班人》（*The Apprentice*）裏常說的一句話：「無關私人，只是公事公辦。」（It's not personal, it's business.）如果你做了該做的事，但員工卻沒有，也許，現在正是互道珍重的時刻。

避免在傷口上撒鹽：有點人性，好嗎？

如果我沒教養，我會說：「有些主管還真的滿享受開除員工時的快感；否則，他們不會做出一些離譜的行為。」以下就是幾個例子。

【毒舌語錄：裁員時，請你千萬不要這麼說的四種情境】

1.「你的工作很穩，去買房子吧！」

在我的職涯中，這句話是我聽過主管開除員工的經典發言之一，因為這種事發生在我一位同事身上。她問過公司老闆三次，在現今的經濟環境下，她買房子是否是明智之舉。老闆總是想盡辦法減輕她的恐懼，鼓勵她購屋。但是，這句話的效期只到兩個月後，他因為付不出薪水而解雇她為止，造成她陷入經濟困境：一個拖著一大筆房貸等她繳清的單身女子，而且失業。

2.「感謝老天！終於又到了星期五了。喔，對了，順帶一提，你被開除了。」

好極了，現在這位員工一整個周末什麼事都別做，只能想著：「到底發生什麼事情？」他不能請領失業救濟金，也不能開始打電話到別人的辦公室裏聯絡他的人脈，因為，周末到了。

3.「做得好，我給你加薪。對了，之前我有說過，明天是你上班的最後一天嗎？」

如果不是真有其事，這種對話還真是很有趣。一位員工獲得「超乎預期」的績效評比，還因此獲得加薪，但是，老闆告訴他，明天他就要被開除了。且讓我們祈禱，他沒有在入帳之前就已經花光加薪的錢。

4.「你的工作，是開除要養六個孩子的那個傢伙；之後我會做我的工作，就是開除你。」

當我第一次必須開除別人時，我就遇過這種事。我還記得，當我想到隔天要當「劊子手」，準備裁員的那天晚上，我非常痛苦。當我執行完畢，在會議室等我的主管進來聽我的裁員成果報告，後來，她不只聽了，她還開除我。

任何理由都無法支持用上述方式開除員工。在情境一當中，雇主心知肚明他的公司已經陷入麻煩，明智的做法是他應該告訴員工：「等一等，妳別急著買房子。」而不是鼓勵她簽下會導致她破產的購屋合約。

在情境二當中，雇主在星期五開除員工，以確定在員工離職前能把他的手腳綁緊。有點良心吧！在你確定就是這一天要行動之前，先想一想員工的最佳利益是什麼。

情境三的雇主為何在開除員工的前一天給他加薪？我想到的唯一理由，是幫助他在下一個工作爭取到更高的起薪。我不確定這種策略現在還行得通，因為這位雇主為員工訂下的價格，可能已經遠遠超過就業市場水準，更別提這種混合的訊息會讓員工摸不著頭緒。

情境四是我自己的遭遇，這裏的情況，顯示我的主管顯然沒有膽子自己動手處理棘手的事，因此要我當劊子手開鍘。這份臨別大禮，但願她留給她自己就好。

那麼，你要如何才能有不一樣的作為，你又如何能知道你是不是留住了一線人情？當對話結束，員工對你說「謝謝」時，你就知道你把開除員工這件事做好了。沒錯，就是這樣。我是從經驗中了解到這一點，而且我也蒐集了很多「謝謝」，可以證明這個論點。

在電視影集《誰是接班人》當中，唐納．川普讓開除員工這件事看起來易如反掌。這或許是電視裏的真人實境節目，但是，他開除人這一部分卻毫無真實感，因為，這些被開除的人很可能繼續獲得名聲和財富。但是，多數情況下，被你開除的員工只能獲得失業救濟金。

因此，對我們這些活在現實世界裏的人來說，以下禁得起時間考驗的七個祕訣，可以幫助你順利執行裁員令，或是把他們放進組織裏的任何地方。

【裁員時避免傷人的七個祕訣】

1. 尊重

一九六七年夏天，人間傳奇靈魂歌手艾瑞莎・富蘭克林（Aretha Franklin）唱〈尊重〉（*Respect*）這首歌，讓全世界都熟悉「尊重」一詞；直到現在，也仍然是世人遵循的原則。被公司開除帶來的壓力，就像家人過世或離婚一樣沉重。請體認到這件事情對員工而言，未來將十分艱辛，並盡你所能，展現最多的尊重。

2. 避免意外場面

就像我們之前提過的，不應該出乎員工意料之外辭退他。如果你相信這樣做才是對的，請往回退幾步。你要採取的下一步行動應該是進行更直接的對話，之後才辭退這位員工。

當你把最後警告傳達給這位員工時，要直接了當。要讓員工知道，如果他不能在特定時間內大幅扭轉他的績效，那他就會被解雇。你要抗拒用糖衣美化訊息的企圖，不然的話，當開除時間到來，你只會留給員工滿口的苦澀。

3.要有所準備

當你要開除員工時，很容易就岔開正題。計畫你要說什麼，並盡力按照劇本演出。你不知道情況到最後會如何演變，而你一定也不希望落到必須和公司裏的勞方律師費唇舌，說你是如何對這位員工說他是你最棒的人員之一，但同時又開除他。唐納．川普可能會為這樣的舉動加分，但這麼做絕對無助於增進你自己的事業發展。

4.著重績效

我們經常做不到「伸出手指，直指問題員工的問題出在哪裏」，因此，我們把罪名加在我們觀察到的不當態度上。但是，有經驗的主管知道，如果他們根據態度，而不是績效行事，那他們可能會發現自己上了法律電視頻道（Court TV）（譯按：美國的有線電視頻道，專門播放法庭審訊、法律案件及評論等節目，二〇〇八年已經改名為truTV）。

切記，著重在績效相關的議題上。與其告訴對方因為態度欠佳而遭開除，不如點出有哪些行為，對於達成績效目標應具備的能力造成負面的影響。

5.記錄、記錄、記錄

我們已經討論過，在管理績效時為何記錄績效相關對話是一件很重要的事。在你還記憶猶新時寫下最後對話的細節，也同樣重要。

身為主管，你有責任保護公司。好的文件紀錄可以造成重大差異，決定贏得訴訟，或是把去年的利潤奉送給被開除的憤怒員工，其中也包括你可能分到的紅利。

6.事實很重要，而且重要的只有事實

執行開除令的主管常犯下的錯誤，是完整回顧員工的工作史，以解釋為何要請他走路。這是非常痛苦而且不必要的做法。你的目標，是讓員工結束對話時，仍然是一個完完整整的人，對吧？把這位員工撕開，一塊、一塊切下來，除了摧毀他的自尊之外，別無作用。此外，在某些時候，員工也無力回天。

盡量讓這場對話簡單扼要。讓員工知道公司為何要請他走、哪一天是最後一天，以及當他離開公司時，任何他會需要的其他資訊。這可能包括失業補助相關資訊（按照規定，你可能必須提供這些資訊，由你的公司所在的州別決定）、醫療保險資訊（如果適用），以及其他服務的詳細資料，如他可能有資格使用的再就業服務（outplacement）（譯按：指協助主管及

讓員工有時間消化你說的話。如果他一直要求你提供回饋，客氣地告訴他，因為你們已經進行過這些對話，因此你不想重啟整個檔案。之後，把對話導引回到正題，讓你完成整個流程。

7.無關乎輸贏

在《誰是接班人》節目裏，重點在於輸贏，但是，除非你所屬組織是這個真人實境節目的一部分，否則的話，輸贏不該是你的最終目標。你的目標，是要讓員工盡量低調離開組織。當你把權力交回給員工時，你就能做到這一點。這樣做，你就是在給員工一個選擇。你可能會迫不及待想要說出「你被開除了」這句話，但是，讓員工自己開口說「我辭職」，事情會比較簡單，而且，從法律的觀點來看，這麼做可以讓你明哲保身。

可能的話，給員工自行辭職的機會，這樣可以讓他保有尊嚴。許多人相信他是出於自身的考量而離開組織，而你也可以開心地回到你的辦公室。

切記，如果你必須裁員，這整件事的重點在於尊重而非輸贏，你就能讓員工走出大門時回頭感謝你，就像《誰是接班人》演的那樣！

受害者不只一人時：如何處理資遣

你可能會認為，鑑於我們在過去幾年看到的人力緊縮，到現在，企業已經很善於執行資遣這件事了。可惜的是，大部分公司在這方面並未長進。以下這些範例，是我最近看到的一些做法。

據當地一家報社報導，一家工廠的員工收到通知，要在一場強制參加的會議上提出報告。在會議上，每個人都收到信封，並接獲指示，要回家才能打開。有些人在停車場時先行開啟，赫然看到自己被資遣了，有些人則發現自己得以倖免。公司一開始對這些員工說，他們的工作很穩當，只是工作時數會被縮減一些。

在另一家公司的類似行動中，員工被召集到會議室裏，坐上指定的座位。有人對他們說，當主管發出指令時，他們可以拿起椅子下面的信封，打開它。你也猜到是怎麼一回事了，這些信封裏放的就是資遣通知。

把資遣當成遊戲，是一件無禮而荒謬的事情，我期盼永遠沒有人請各位參與這類猜謎遊戲。我請大家特別看一看這類事例，是為了點出一件事，那就是身為現代領導者的你，可以有不同的作為。

【三種方法，讓你資遣員工時能厚道一點】

1.把「公司從此絕對不會再裁員」這句話，從你的字典裏刪掉

除非你有預測未來的水晶球，否則很難說公司從此以後絕不裁員。就像沒有人能夠預測九一一，這些事情對全世界的人在情感與經濟層面都造成莫大的衝擊。九一一造成當時人們避免搭飛機，旅遊業的營收立刻下滑，而與旅遊業相關的其他產業很快就受到波及。相信對於企業來說，他們也從未想過，竟然必須用裁員或歇業的方式解決問題。

2.撥出時間談一談

把員工趕進會議室，然後一下子叫他們全部離開，對你來說，這種如同牛仔趕牛群的方式可能輕鬆得多，但是，對於那些把自己的職場人生奉獻給你與組織的人來說，這是最好的做法嗎？把牛群留給牛仔就好，你的員工應該得到更好的待遇。「己所不欲，勿施於人」這條金科玉律，正可以應用在這裏。

如果你奉命要資遣多位員工，請撥點時間，找一個隱密的辦公室和每一位員工談一談。給員工充足的時間，讓他們可以提問，並讓他們整理一下自己，再護送他們離開會議室。

3.讓過渡期變得輕鬆一些

過去幾年來，找工作這件事已經出現一百八十度的大轉變。經營人際網路這件事的重點，已經不再是你認識哪些人，現在的重點已經變成你在社群網站上可以和哪些人搭上線。如果你完全是因為經濟因素而裁員，那麼，請盡你所能，把過渡期變得輕鬆一點。如果你的公司沒有訂定「不准提供推薦信」的規則，你可以答應成為他求職時的推薦人。告訴這位員工，你很樂於在社群網站接受他的邀請，成為他的朋友。同時，你不妨詢問員工，是否需要透過你幫他聯繫，可能與求職有關的特定人士。

照顧倖存者

在這種混亂時期，很容易遺忘那些名字沒有列在生死簿上的倖存者，這些是「幸運」能保住工作的一群人。如果你認為，當這些人看到身邊同事被裁員之後，還能埋頭苦幹、繼續努力工作，請你三思。對每一個人來說，這都是壓力大到不得了的時候，包括那些仍能保住工作的人。每一個倖存者都在想：「接下來會怎麼樣？還會不會再有人被資遣？自己的工作保得住嗎？公司如何對待他那些被資遣的同事？（員工想要知道這一點，如果往後他們被資遣時可以派得上用場。）誰要做這些多出來的工作？」你必須準備好回答這些問題。

就像我們之前討論過的，**千萬不要再向員工保證公司絕不再資遣任何人**。但是，你可以說就你所知，公司沒有進一步縮減人力的計畫（如果真的沒有的話）。找找看公司做了哪些事協助這些被資遣的員工（若有的話）。這樣的話，你就能回答那些問起被資遣者拿到哪些離職配套的人，並讓員工大致上了解，他自己可能有權利拿到哪些東西（比方說，資遣費、延長醫療保險，或是再就業服務等）。

任何時候，當有員工被裁員時，最好立即召集整個團隊，以免之後招來謠言滿天飛。你**會**被問到為何這個人被裁員，因此你必須做好回答這個問題的準備。如果是基於經濟因素，那麼，坦白對員工說必須縮減人力，以確保公司能夠撐過經濟風暴，這麼回答並沒有關係。但如果開除員工是因為績效相關因素，或者，更糟的情況是，員工做出侵吞公款或性騷擾等不法行為，那又該如何？

如果績效不彰或行為不檢，是導致開除的因素，那我建議你這樣回應：「我不可以隨意和各位討論細節，但我希望各位了解，到今天下午為止，黛安娜．史密斯已經不再是本公司員工。為了尊重史密斯小姐本人及她的隱私權，我不會告訴各位任何細節。如果各位有任何具體的問題想問，想知道這件事對自己的工作有何影響，請在本周內與我約時間碰面，讓我們談一談。現在，讓我們來討論接下來要怎麼繼續，才不會出現任何疏漏。」

開除員工這件事，會因為多練習而變得簡單一點。然而，事實是當你輕而易舉完成裁員時，也就是你應該去找新工作的時候。

【重點整理】開鍘時，請厚道一點

- 要叫員工走路絕對不是一件輕鬆的事，而你用什麼方式去做這件事，會對離開的人與倖存者（指那些還留在組織裏的人）造成持續影響。以尊重的態度來處理這種情況，將可以把通常因為解聘員工衍生出來的傷害和干擾減至最低。
- 員工第一次聽到自身績效有問題的時間點，不應該是你開除他的時候。身為主管，你必須持續地指導員工，尤其是哪些績效不彰的員工。
- 記錄所有和員工績效有關的對話及觀察，這樣的話，若有必要，你才能直接進入開除程序。做不到這一點，可能會導致你必須延遲行動，導致可能會對你自己的事業發展造成傷害。
- 當你在撰寫員工的紀錄時，要趁著記憶猶新時寫下詳細內容，資訊包括日期、時間，和你觀察到及可衡量的行為有關的細節。適當的話，可以請員工在書面紀錄上簽名，以強化他的投入程度。
- 過去幾年，裁員這種事變得很普遍。雖然要裁掉表現好的員工很不容易，但有時卻不得不為。不管你必須裁掉部門裏多少員工，你要把每一個人都當成個體來對待。盡力協助他們平順地過渡到下一個工作機會。
- 要照料倖存者，你還需要這些人來填補空缺。為他們提供資訊，讓他們不用仰賴謠言獲得訊息；因為謠言可能不正確。

- 有很多方法都能在開除員工時仍能留住人情。抱持尊重的態度、不要製造意外場面、做好充分準備才進行對話。還有，可能的話，讓員工自行離職。這樣的話，你就能留住人心。

當你在現職上再也感受不到挑戰，你也開始承擔正常職務範疇以外的責任，你知道自己已經準備好迎接下一次的升遷了。出現這種情況時，你開始從大局思考，超越目前的職務眼界。

你必須投入，並自動請纓去做你相信自己有能力做的事。當推銷自己時，必須是你最出色的推銷演說。做好準備以展現能力，並指出你能為公司增添哪些價值。「我有能力做這件事，也願意接下來」的態度，對你有益。

如果有人喊得比你大聲，不要退縮，不要誤以為他們會做得比較好。此時你該相信自己。和企業教練合作大有益處，能幫助你堅持到底，獲得你努力爭取的升遷。

——茱蒂絲．荷根（Judith Hogan），歐洲與非洲繽特力（Plantronics Europe & Africa）主管

第十一章

向下管理

成為別人想追隨的主管

任何人都可以成為領導者，真正的差異點在於能否成為別人想追隨的領導者，這一點正是這整本書努力的目標。如果你實際應用從本書中整理出來的原則，早晚（希望早一點）你就能做好準備邁向下一步：獲得拔擢，跨進下一個層次的領導。

爭取下一個職位

我發現，人們花掉太多不必要的時間等待，才去競逐下一次的升遷，女性尤其如此。麥肯錫（McKinsey）二〇一二年時，做了一項名為「釋放職場女性完整潛力」[1]（Unlocking the Full Potential of Women at Work）的研究，發現女性似乎都卡在中階管理這個階段。全球顧問管理公司麥肯錫指出：「將近十四萬名女性已經在公司裏擔任中階管理職，這些人在組織的女性專業人士中約占三分之一。但是，只有七千人成為副總裁、資深副總裁或是『長』字輩的高階主管。」

麥肯錫發現，男性獲得拔擢的依據是潛能，女性則是績效。在這些接受面談的女性受訪者中，即便是最成功的那一群，超過半數都認為自己對於加速發展裹足不前。多數女性表示，她們應該更早一點和職涯貴人培養關係才對，因為職涯貴人會敦促她們把握機會；這些女性表示，太常有的狀況是，她們並未自告奮勇爭取更高職位，甚至連想都沒想過。她們很快就發現，讓資深管理階層知道自己的目標有多重要。有一位女性就說：「當我直接了當說出我要什麼時，我的事業發展就上了快速道路。」

我將要提出的建議並不針對特定性別；如果你認為自己該得到升遷，那就去爭取。請記下這一點，在你的記事板上貼上一張副本提醒自己，主動要求自己應得的拔擢，是一件非常重要的事情。

你已經準備好迎接下一次升遷的信號

常有人問我，你怎麼知道自己是不是準備好迎接下一次的升遷。我的回答是：「時候到了你就知道。」這個答案或許不太有用，但真的是這樣。如果出現以下這三個信號，代表你已經做好準備接受下一次的晉升：

1. 你已經感受不到挑戰

過去你每天都帶著興奮之情上班，期待每一天為你帶來的新事物。現在你已經知道該期待什麼，每天都是一模一樣。對有些人來說，新官上任六個月之後就會發生這種事，有些人則是六年，也因此我才說，到時候你就會知道何時你該迎接下一次的挑戰。

2.機會從天而降

我從未計畫在二十四歲時接替我的主管，但是我看到機會出現在我眼前（她被開除了），我就抓住了！我準備好了嗎？雖然當時我認為應該是，但可惜並沒有。然而，這並未阻止我要求接下她的職務。事後來看，我很可能永遠都無法做好準備，或者是等到我準備好了，這份職務也沒缺了。如果機會之門開了，二話不說立刻衝進去！我保證，一旦你安頓下來，你就會找出方法。還有，請記住，你永遠都可以聘請企業教練協助你加快成長速度。

3.你很難從床上爬起來去上班

過去你期待星期一到來，讓你可以快快衝進辦公室。現在你一到星期天下午就開始煩躁，因為你怕去上班。

你的員工值得更好的待遇，你也是。想想看你是已經對目前的工作感到無趣、準備接受下一個挑戰，還是這個組織對你來說已經不再適合了。接著，請踏出第一步，做出改變。

如何爭取升遷

我十八歲的兒子最近在申請大學，一如預期，有些學校比較容易申請，有些比較難。有一所大學門檻特別高，要求他提出很多額外的作品，才願意讓他申請。我們是支持孩子的父母，但也很務實。在申請流程初期，我們就對兒子講清楚，如果他要進這所大學需要付出哪些努力，以及學校收他的機率有多高。我們試著不要老是澆他冷水，但我必須承認，我做得有點過分了。有一天，我兒子在我話講到一半時阻止我，並說：「媽，如果我不提出申請，我永遠也不知道學校會不會收我。」天啊！我怎麼能和他爭辯這一點呢？

我希望你把這件事記在心裏。如果有什麼是你很想要的，你就要竭盡全力去爭取，要求你認為自己應得的事物。如果你不提，你可能會被跳過，或者更糟的情況是，你有另一位同事向主管明確表示他要這份工作，而他也獲得了升遷。如果你可以接受，那沒問題。如果你受不了，那麼就遵循我的建議去做。

提出你的理據

就像我兒子一樣，你必須證明你值得對方考慮。請準備好你的理據，陳述明確簡短的理由，說明為何他們應該考慮給你這份工作。

請聚焦在你在目前職務上達成哪些成果，而不是你做了哪些工作。如果可能，請把這些成果轉化成金錢。舉例來說，當你提醒主管你曾為客戶提供的新服務時，請記得納入財務數據，說明因為你的行動創造的新營收，帶來了多少利潤。

如果你向來努力強化和主管之間的關係，現在正是你要求他們提供協助的時候，如果他們可以針對由誰出任這份職務提出意見，那更是如此。請去找他們徵詢意見。如果他們願意為你說點好話，也別忘了請他們這麼做。

如果（這次）沒得到拔擢，該怎麼做？

你在組織中爬得愈高，升遷的競爭就愈激烈。偶爾是你升官，偶爾換成別人。對很多人來說，沒能得到升遷是轉捩點。如果（這次）沒得到拔擢，你可以遵循以下的建議當成回應。

【這次晉升輪不到自己時的三個建議】

1. **徵詢回饋：**請教主管，如果你過去在某些事上要是有不同的作為，是否可能為你爭取到這次升遷？請認真傾聽回饋並努力改善，等到下一次升遷機會出現，你將成為顯而易見的選項。

2. 決定要留還是要走：你走到了人生十字路，必須做個決定。你可能要等上一段時間，才會出現另一個升遷機會，你要留在這裏全力支援你的新主管？還是你要到其他地方另謀高就？

3. 在組織裏另尋出路：如果你在大機構裏任職，會比在小公司裏有更多選項。如果你的情況正是如此，請採行這些選項。此時此刻，正適合請主管助你一臂之力。如果他很欣賞你，他可能會對於自己不能為你爭取到升遷而感到難受，看看他是否願意針對公司裏或其他分部的升遷機會推薦你。

別做以下這件事。我見過很多之前為了升遷兢兢業業卻失望的人，去傷害新主管。這些人認為這麼做，就能證明公司拔擢別人而不是他們是一個錯誤。千萬不要變成這種員工。這種做法會導致你在這家公司的事業發展，開始走向窮途末路。切記，你的工作是資產，而不是負債。

決定要留下之後你能做的五件事

如果由於你沒有得到升遷，或者是你還沒有準備好角逐下一份職務，而你決定留任原職，請利用這段時間在目前的位置上成長，你可以利用幾個方法開始。

1. 練習去做那些讓你感到不自在的事情

假設你總是避開衝突，你會想盡辦法不要去對他人說，他的工作表現還達不到標準。讀過此書後，你了解到為部屬提供回饋意見，是一件很重要的事。花一分鐘想一想，如果你也處於同樣的情況會怎麼樣。難道你不想知道你是不是少了哪些技能？你能做哪些事情尋求改善？下一次，當你面對團隊成員的表現不如你預期時，請把他拉到一旁，給他一些意見。持續這麼做，一直到你能自在地指導他人，好讓他們變得更卓越。

2. 效法你尊崇的領導者

我希望你去練習一件事。寫下至少三位你尊崇的領導者，以及你選擇這些人的理由。現在，我希望你畫掉他們的名字，用你自己取而代之。接下來，圈出你（尚）不具備的特質。

現在，你可以清楚看出你要把重點放在哪些面向。隨時帶著這張清單，每周定期檢視，一直到你也深具這些特質，直到能夠讓你成為別人清單上的名字為止。

3. 努力成為思想領導者

你不需要職銜也能成為思想領導者，成為你所屬領域裏的萬事通。你需要的只是想法，我確定你有！感謝社交媒體，要擁有思想領導者的地位比過去容易很多，你可以利用以下的方法開始做。

【努力成為思想領導者的六種方法】

- 為當地的產業協會通訊刊物撰寫文章。
- 考慮成立個人的部落格，提供滿滿的專業領域相關內容。
- 在領英檔案中新增文章。
- 自願在當地的扶輪社或產業協會分會聚會時發表演說。
- 訂閱「全民幫助記者」（Help a Reporter Out，HARO）網站[2]，這是為新聞記者能與消息來源聯繫而成立的免費網站。當你看見有人針對你的領域提問時，請回應。
- 利用社交媒體推廣演講活動、轉貼最近出版的文章和媒體上的引述。

這裏的概念是，要培養一群追隨者，並成為你所屬領域的專家。這有助於鞏固你的地位，在你所屬組織或其他公司邁入下一個領導階段。

4.與其他領導者建立關係

你要留在哪一家公司，是一件很重要的事。通常誰會先知道管理團隊將會有新職出缺？多半是團隊裏的人。這一點也解釋了為何很多職缺從未曾昭告天下。管理團隊裏備受尊重的成員提出人選，然後大家附議。這種方式看起來可能不公平，但如果你是被推薦的對象那就不一樣了。不管怎麼說，這種事常發生，而且不會在沒有正確的關係為前提下發生在你身上。

要找到你的主管和你有哪些共同的人脈很容易，方法之一是查一查對方的領英檔案，看看你們所屬的團體有哪些共通之處。你們剛好是同一所大學畢業的嗎？對方是否在你有興趣參與志工的非營利機構擔任董事？利用這類聯繫破冰，展開對話，這是建立關係的第一步。

5.每天都增加一點新價值

要受人注意，最佳之道是每天都能新增一些價值。很多人每天上班下班，做自己的事，很少多做一點，但也有極少數人找到方法，每天都為自己增加一點新價值，這些人會變得不可或缺。你會希望自己，也屬於不可或缺的那一類，理由如下。

假設下一次升官的人選有你和另一個人你的主管就算要升別人，也會先前思後想好幾次，因為他非常擔心如果結果是這樣，你會離職，當你一走，就在團隊裏留下一個很大的缺口。

你有很多方法可以增添價值，以下是幾個範例。

【每天都增加一點新價值的四種方法】

1. **比主管早一步**：如果主管要你調查，客戶對於公司新推出服務的滿意度。他要你問三個問題，你遵從指示，然而，當你和客戶討論時，發現另一個問題可以帶來寶貴的洞見，你在對話中巧妙插入了這個問題。毋庸置疑，你提出的重要見解，以及你自動自發提升調查結果，會讓主管印象深刻。

2. **成為主管需要額外協助時主動協助的人**：你是否注意到，無論何時，只要主管需要協助，多數人都會盡力迴避主管的眼光，因為他們擔心自己被指派更多工作？你可以特別留心，成為立即出手，自願替主管分擔責任的那個人。不消說，你的主管一定會注意到你，對你的態度會比對其他同仁更友善。

3. **對利潤有所貢獻**：不同的工作重要性也不同。想辦法找機會參與會影響利潤的專案。舉例來說，假設主管需要人幫忙去做採購新辦公室設備的成本效益分析，也需要有人去做推出新產品的市場分析。請比你的同事搶先一步，自願參與新產品上市的案子。

這是明智之舉，而且如果你意在升遷，這還會推你一把，原因如下。新產品上市專案會帶來機會，讓你與銷售和行銷團隊的重要主管直接合作，下一次當高階主管在討論升遷時，很可能會有人請他們提出看法。這些人會想到你參與了一項非常重要的專案，對於公司的營收成長有貢獻。現在，對照來看辦公室設備採購專案，這是一項費用，提一句就沒了。

4. **成為解決問題的人：**多數公司都仰賴一小群人解決問題，請躋身其中。努力培養你解決問題的技巧，直到他人認為這些事對你來說，根本不費吹灰之力。出現問題時，請提醒你的主管你已經知道狀況了，好減輕他的憂慮，然後動手去解決。

讓最出色主管脫穎而出的七個做法

我和很多公司合作過，所以可以這麼說，在組織的各個層級都有太多平庸的主管，因此你很容易就能與眾不同。我找出可以讓出色的主管脫穎而出的七個做法，如果你可以熟練其中的四種或以上，你將前景大好。

1.終身學習

出色的領導者永遠處於學習模式。他們會訂閱《華爾街日報》與《紐約時報》等刊物，以跟上最新的事件與趨勢。他們不光閱讀財經相關書籍，更飽覽群書，而且樂於討論許多主題。他們在整個職涯發展過程中和企業教練合作，以利增進技能。他們會重回校園接受更多教育，出席大型研討會以了解其他人的觀點。

我知道前述的幾項聽起來很累人，我建議你挑一、兩種方法來提升學養，當需求改變與時間允許時，再多加入幾項。

2.不斷敦促自我打破界線

能超前的人通常是願意敦促自我打破界線的人，他們不一定要接受現狀。沒錯，在某些組織裏，這麼做風險很高。你可以權衡風險與收穫，決定為推進你的想法你，願意做到什麼程度。

3.保持冷靜並堅持下去

你在組織中的位階愈高，情況會變得愈瘋狂。經驗豐富的主管深知，人生總有高潮與低潮。他們會保持冷靜，試著預見可能為工作團隊加諸不當壓力的情境。他們會先看到問題，而不是等著問題發生。他們也會在身邊打造一支勁旅，幫助他們堅持下去，面對出現的挑戰。有些人（好吧，很多人）還有強力的行政助理，幫忙擋下讓人分心的事物，讓自己井井有條。

採取行動先照顧好自己，這樣你才能照顧他人。這包括事先安排好休假時間，以及準時離開工作崗位，去上有益於身心健康的課。

4. 把人放在你的個人利益與公司利潤之前

我最近和一位高階主管談話，他為一位員工（或者我應該說前任員工）所做的，遠超過他職責所在。他告訴我這個故事，說他因為企業重整的關係必須請一位員工離開，但這位員工的小孩剛好有病在身。這位主管對員工說，他可以支付她的醫療保險，一直到她找到新工作，讓她的小孩不至於沒有保險。他不需要為員工做到這個地步，他這麼做，是因為他看重人更勝過利潤。無怪乎，他擁有一支願意為他上山下海的團隊。

在你的事業發展過程中，總有些時候對利潤和個人利益的要求，會遮蔽了你的眼界。我希望，如果你曾經處於必須在兩者當中擇一的情境，你會選擇把人放在前面。

5.成為鼓舞人心的領導者

領導沒有放諸四海皆準的定義，但是多數的領導行為都有一個共同的目的：鼓舞人們有所改變。方濟各教宗（Pope Francis）願意挑戰傳統，帶領人們重返信仰，便是展現鼓舞人心領導的高貴範例。他讓天主教會完全改變，堪與任何你說得出來的品牌重生或企業復興相比擬。他用他的心來領導。

理查．布蘭森爵士（Sir Richard Branson）是另一個鼓舞人心領導者的範例，他不斷打破限制，拓展我們認為的可能性。他並沒有把自己的力量全部用來追逐個人利益，反而藉以推動科學進展。他的公司維珍銀河（Virgin Galactic）雖然也遭遇某些重大挫折，但是，他依然堅毅，並激勵他人跟從他的領導，比方說特斯拉（Tesla）的共同創辦人兼執行長艾隆．馬斯克（Elon Musk）。

你不必成為教宗或億萬富翁，也可以成為激勵人心的領導者，但是，對於你的信念抱持熱情並具備足夠的魅力讓別人認同你的願景，當然會有幫助。

6.堅毅的力量

毫無疑問，最出色的領導者都能堅持到底。不管是任何層級，想要成功，都必須具備貫徹到底、落實計畫與堅持不懈的能力。

事實上，能否堅持可能是最好的成功預測指標。賓州大學（University of Pennsylvania）做了一系列研究，研究人員發現，堅持不懈的人比較可能成功，勝過無法或拒絕堅持的人。人稱「正向心理學（Positive Psychology）之父」的馬丁・賽里格曼（Martin E. P. Seligman）主張：「除非你是天才，否則一個人如果少了堅持這項特質，不可能勝過競爭對手。」[3]

好計畫可以讓你拿到參賽的門票，但要堅持下去才能把你推進勝利圈。當你聽到任何你所傾慕的領導者的故事，必會聽到他們的人生中必須克服挫折的時候。

形勢險峻時，傾聽你和自己的對話，努力將你腦海中的負面對話轉化為正面，不要去想：「天啊，這也太難了，我應該放棄。」你要對自己說：「我知道這一定會成功，我只要努力到底就可以。」正面的心態確實能創造出不同的局面。

7.遠大的願景

想像一下，你效命的領導者只有平凡的願景。很多人連想像都不需要，因為這正是他們此刻的現實。現在，想像一下，如果你是為一位目標是要翻轉產業的領導者奮鬥，那會如何！這種決心很罕見。現在，想像一下所有可能性，以及成為大局的一份子有多讓人興奮。

企業家兼億萬富翁臉書（Facebook）共同創辦人兼執行長馬克・祖克柏（Mark

Zuckerberg）絕對可以自滿，但他和妻子普莉希拉・陳醫師（Dr. Priscilla Chan）選擇繼續開創。祖克柏和團隊不斷檢視臉書可以用哪些方法，來改善全球人們的生活。範例之一，是臉書最近引進平安通報站（Safety Check）。祖克柏在自己的臉書專業上宣布：「我們利用平安通報站在災難期間來幫助社群，並讓大家有一個簡單容易的方法在同一個地方報平安，同時確認家人和親友的狀況。」[4]

在個人層面，陳醫師與祖克柏承諾未來十年會投入三十億美元，透過「陳與祖克柏科學方案」（Chan Zuckerberg Science）來治療、預防與對抗疾病。這筆錢來自價值四百五十億美元的組織，稱為「陳與祖克柏倡議機構」（Chan Zuckerberg Initiative），這對夫婦於二〇一五年創辦此一組織，以促進人類的潛力和平等。這類領導會激發其他人也一起為善。

恢弘的願景並不專屬於動輒操作數十億美元的企業。花一分鐘想一下，公司聘你來打造你的部門，到最後，你希望這個部門是什麼模樣？你期待內部與外部的客戶，對於他們和你與團隊合作的經驗，有什麼看法？請記住，不一定所有遠大願景都要具備大規模，能帶來的成果小而穩健，和大規模一樣強而有力。

你必須去做才能向前邁進的五件事

你挑了這本書，是因為你有意強化自己的領導技能、推動職涯繼續發展。當你在思考要如何繼續創造成功時，請想想以下這幾件事。

1.展現稱職能力

推動職涯發展最快的方法，是展現你有能力。你必須持續這麼做。你或許是個好人，可能也有一些關係密切的人脈，但是，如果你的工作表現不佳，這些都不重要了。當你的主管要提出升遷人選時，他也賭上了自己的聲譽。除非他百分之百確定，你會做對的事以求成功，不然他不會使出全力。

2.放手

我從我的明師艾倫．懷斯（Alan Weiss）身上學到這條單槓原理。有些人可能會聽父母說起自己小時候，在遊樂場上吊單槓的冒險，或者你自己也曾經吊在單槓上，從一端盪到另一端。這裏的關鍵字是「盪」。你必須放手，才能前進。我承認，過去我不善於此道，我會緊緊抓住一端，一直到我發現自己累了，掉在地上為止。

我在遊樂場上學到的重要教訓，可以應用到管理上。如果你希望在組織中向前邁進，就必須放下某些你正在做的事，否則的話你會筋疲力盡，最後會掉下來。這也導引我們進入下一個重點。

3. 交辦委任

如果你不學著如何交辦，就無法接下更多有意思的任務。我很清楚某些大小事一把抓的主管在想什麼：「除了我之外，沒有人能把這件事做好。」如果是這樣，請直接去讀我提的第四項祕訣：聘用適當的人，因為顯然你的團隊理缺乏能處理日常事務的人。如果不是，那麼你的團隊成員可能需要額外的培訓，或者你需要企業教練，幫助你學會交辦的技術。

4. 聘用適當的人

升遷最快的人，是展現他們有能力集結與領導出色團隊的人。這是因為管理階層不會遲疑是否要拔擢你到不同的位置，他們很清楚你有穩若磐石的團隊。管理階層知道，在他們找到適當人選來替補你留下的空缺之前，你的團隊仍會持續順利完成工作。當你在聘用團隊成員時，請謹記這一點，在你發出錄取通知之前，請自問以下問題：「這個人真的夠好嗎？」、

「他們真的有潛能成為強大的團隊工作者嗎？」如果你有所遲疑，請持續尋找，直到你的答案是：「絕對是」。

5. 培養接班人

我最常聽到阻礙一個人升遷之路的理由是，團隊裏沒有人能頂替此人的位置。這樣公平嗎？或許是，或許不是，但是，這是很多人都必須面對的現實。如果你希望在組織裏獲得晉升，請確認你有在培養接班人。有些人可能會覺得這麼做風險很高，擔心「公司難道不會因此炒了我，然後用比較低的薪水請這個接班人？」總是可能發生這種事，即使如此，公司也算幫了你一個忙，因為這不是一家看重「人才」勝過「利潤」的公司。如此一來，你有機會帶著你的才華，進入重視你的企業了。

【重點整理】

- 任何人都可以成為領導者，真正的差異點在於能否成為別人想追隨的領導者。
- 不要花太多時間等待才去競逐下一次的升遷。如果你認為自己該得到升遷，那就去爭取！
- 你已經準備好迎接下一次升遷的信號，包括你已經感受不到挑戰、機會從天而降，或者對你來說起床上班變得很痛苦。
- 如果你沒得到升遷，不要絕望。請教主管，要是你過去在某些事如果有不同的作為，是否可能為你爭取到這次升遷？做個決定，看看你是要留下來，為新主管奉獻全部心力，還是要離開。或者，你也可以在組織內部尋求其他職位。
- 你若要努力爭取下一次升遷，可以去練習做起來最不自在的事情，跟隨你崇敬的領導者並從他們身上學習，成為思想領導者，與其他領導者建立關係，以及每天都新增一些價值。
- 有幾項實務做法，能讓最出色的主管脫穎而出。偉大的領導者是終身學習的人，他們永遠設法改進，敦促自己打破限制，他們看重人勝於個人利益和公司利潤，他們會鼓舞他人，並引導他人表現最好的一面。
- 要發展你的職涯，請展現能力，學習放手與交辦，聘用適當的人，並培養接班人。

致謝

我要感謝我的經紀人琳達・柯娜（Linda Konner）；就算我不想聽，她還是會對我說「不」，而當她知道我在寫一本值得寫的書時，她會大力對我說「要」。我要謝謝我的前主編艾瑞卡・海爾曼（Erika Heilman），她對這本書的態度就像我自己一樣那麼興奮；還要感謝我的新主編艾莉森・漢基（Alison Hankey），謝謝她帶領新版本成形，同時也要感謝尼可拉斯布來利出版社（Nicholas Brealey Publishing）的同仁，感謝他們成功實現我呈現本書、同時又得以不失平衡的想法。

我要向我的明師艾倫・懷斯博士（Alan Weiss, PhD）致上最深的謝意，感謝他在我的顧問執業生涯中持續為我提供指引與支持。他不斷敦促我要持續自我提升，並提醒我要務實，讓我能做好準備、打好基礎，並且在管事理人的主管之路繼續向前邁進。

我也要感謝每一位願意和我分享自身故事、告訴我當他們突然當上主管時會面臨哪些事的人們，以及樂意讓我一窺企業主及資深領導者心境的高階主管們。

最後，對於那些當我忽然之間成為新手主管時，成為我第一批直屬部屬的同仁，我要向各位道歉；正如你們所見，各位教導我的珍貴教訓，我這一生都會銘記在心。

祕技索引

第一篇〈向上管理〉

第二篇〈向下管理〉

圖表索引

注

向上管理

第七章　領導者風範：領導者風範不僅是表面所見

1 原文請見英文版（New York: Hyperion, 2007）頁二十。

2 "Why Dressing for Success Leads to Success," Ray A. Smith, *Wall Street Journal*, February 21, 2016.

3 Michael W. Kraus and Wendy Berry Mendes, "Sartorial Symbols of Social Class Elicit Class-Consistent Behavioral and Physiological Responses: A Dyadic Approach," *Journal of Experimental Psychology* 143, no. 6 (December 2014): 2330–2340. http://psycnet.apa.org/?&fa=main.doiLanding&doi=10.1037/xge0000023.

第八章　如何與企業教練或明師合作

1 "The Missing Mentor: Women Advising Women on Power, Progress and Priorities," Mary E. Stutts, Household Pub, June 2010.

向下管理

第一章　歡迎來到管理的世界：現在，我到底在幹什麼？

1 TinyPulse. "New Year Employee Report, 2015." https://www.tinypulse.com/landing- page/2015-new-year-employee-report.

第三章　目標：讓你一枝獨秀的祕密武器

1 "2016 Workforce Purpose Index, Purpose at Work," Imperative and Linkedin, 2016, https://cdn.imperative.com/media/public/Global_Purpose_Index_2016.pdf.

第五章　守好你的出口：如何防止人才流失

1 Jo Faragher, "Managers Have Higher Opinions of Themselves Than Their Teams Have,"

Personnel Today, March 2016

2 "Why People Quit Their Jobs," *Harvard Business Review*, September 2016, pp. 20–21, https://hbr.org/2016/09/why-people-quit-their-jobs.

3 Roberta Matuson, *The Magnetic Leader: How Irresistible Leaders Attract Talent, Customers, and Profits* (New York: Taylor and Frances, 2017).

4 *Horrible Bosses*, July 8, 2011, New Line Cinema.

5 "One in Three Employees Claim to Have a Job Rather than a Career, New Mercer Sur- vey Finds," Mercer, August 2015, www.mercer.com/newsroom/one-in-three-employees- claim-to-have-a-job-rather-than-a-career-new-mercer-survey-finds.html.

第十一章　成為別人想追隨的主管

1 "Unlocking the Full Potential of Women at Work," McKinsey, 2012, www.mckinsey.com/business-functions/organization/our-insights/unlocking-the-full-potential-of-women-at- work.

2 HARO (Help a Reporter Out). https://www.helpareporter.com/

3 "Grit: Perseverance and Passion for Long Term Goals," Angela L. Duckworth, Depart- ment of Psychology, University of Pennsylvania; Christopher Peterson, Department of Psychology,

University of Michigan; Michael D. Matthews, Department of Behavioral Sciences and Leadership, United States Military Academy, West Point; Dennis R. Kelly, Institutional Research and Analysis Branch, United States Military Academy, West Point, *Journal of Personality and Social Psychology*, 2007, Vol. 92, No. 6, 1087–1101. Copyright 2007 by the American Psychological Association.

4 Mark Zuckerberg, https://www.facebook.com/zuck/posts/10101699265809491.

國家圖書館出版品預行編目資料

向上管理・向下管理：埋頭苦幹沒人理，出人頭地有策略，承上啟下、左右逢源的職場聖典／蘿貝塔・勤斯基・瑪圖森（Roberta Chinsky Matuson）著；吳書榆譯. -- 初版. -- 臺北市：經濟新潮社出版：家庭傳媒城邦分公司發行, 2018.10

面；　公分. --（經營管理；148）

譯自：Suddenly in charge 2nd Edition: managing up, managing down, succeeding all around

ISBN 978-986-96244-8-0（平裝）

1. 企業管理

494　　107015559